Lentissima vitiosa-que

sior del.   Breant Sculp.

RÉFLEXIONS
SUR LA MAUVAISE QUALITÉ
DU PLÂTRE,
ET SUR SA CAUSE;
ET
MOYENS POUR PARVENIR
A UNE MEILLEURE FABRICATION:

Par M. FERROUSSAT DE CASTELBON, Architecte, Ancien Inspecteur des Bâtiments & Fermes de S. A. S. Monseigneur le PRINCE DE CONTI.

OUVRAGE utile à tous Entrepreneurs de Bâtiments, ainsi qu'aux Propriétaires, Locataires, qui font bâtir par économie, & aux Juges qui en connoissent.

A PARIS,

Rue S. Jacques, près de S. Yves, au Coq & au Livre d'Or,
Chez LOTTIN l'aîné, Imprimeur-Libraire du ROI & de la VILLE.

M. DCC. LXXVI.

Avec Approbation, & Permission du Sceau.

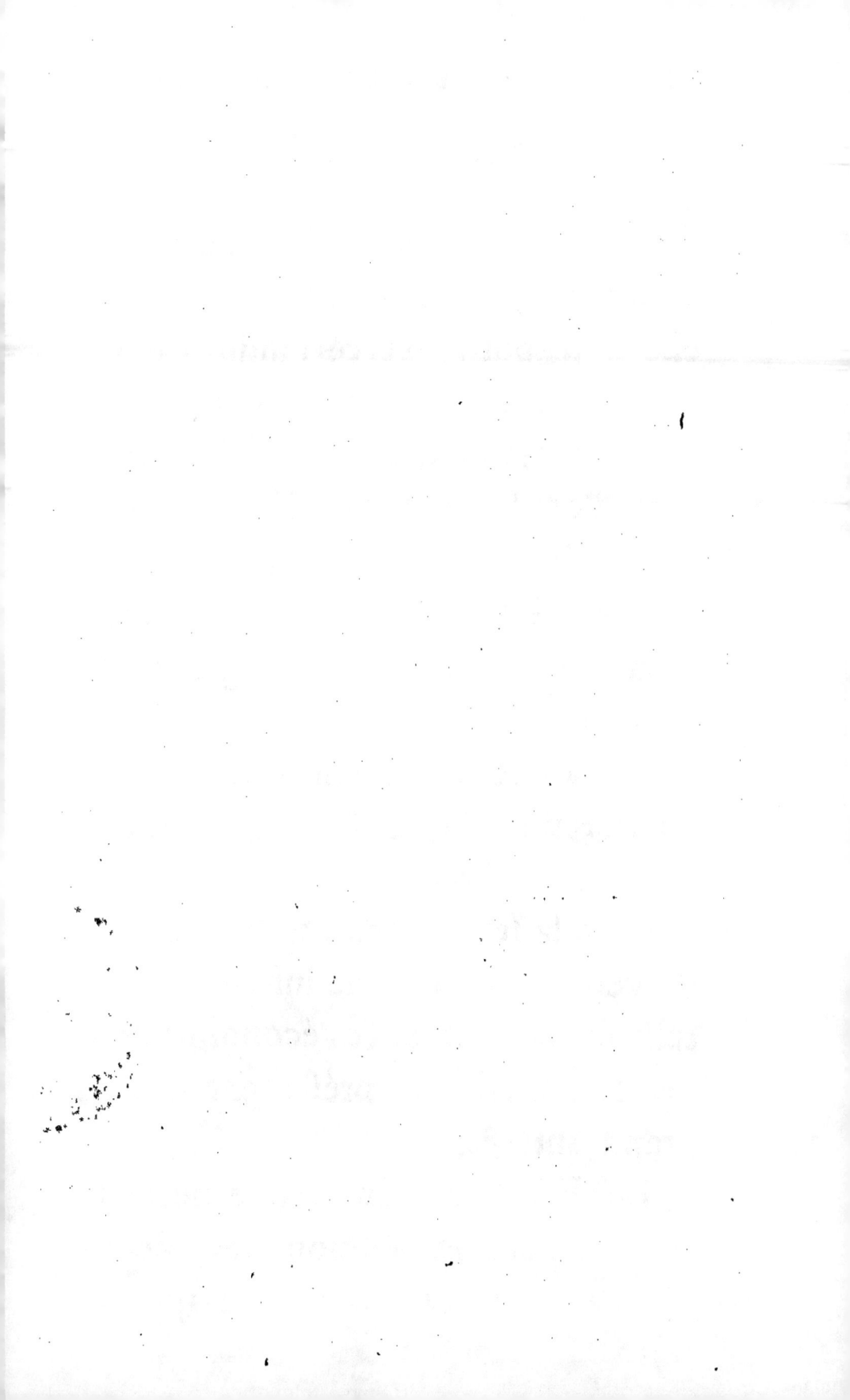

AVANT-PROPOS.

La foibleſſe humaine s'eſt clairement annoncée par la néceſſité des abris : elle a d'abord exercé l'induſtrie ſur leur première forme, on a enſuite imaginé les cinq Ordres d'Architecture ; l'opulence a par dégré indiqué ſes beſoins, & l'Art, aiguillonné par la molleſſe & le goût, n'a rien oublié pour la commodité & l'élégance intérieure.

La bonne ordonnance d'un Bâtiment réunit l'utile & l'agréable ; le génie de l'Artiſte ne doit pas être borné à la ſeule décoration, ſes ſoins doivent embraſſer une infinité de détails ſur la ſolidité & l'économie dont les combinaiſons préſentent le plus grand intérêt.

Le Plâtre devient d'une néceſſité abſolue pour la réunion des pierres

& des moilons dont il est le lien : la qualité de cette matière d'où doivent résulter la durée de nos constructions , & la sécurité publique , dans laquelle néanmoins l'infidélité est presque universellement pratiquée , fait le sujet de cette dissertation ; elle a deux principaux objets : le premier est de faire connoître les vices de la cuisson du Plâtre , & les mixtions qui en altèrent la qualité ; le deuxiéme est de donner les moyens de faire une cuisson plus économique , & qui conserve au Plâtre sa pureté & sa fleur.

Mon dessein est donc de détruire le principe des fraudes qui appauvrissent cette branche de commerce si utile , & qui produisent des effets très-dangereux ; & pour se convaincre de la multiplicité de ces fraudes & de leurs funestes effets , il ne faut qu'ouvrir les Régistres de la Chambre Royale des Bâtiments, Ponts & Chauſſées de France.

Les Maiſons Royales, nos Temples & nos Monuments publics, dont l'entretien coûte des ſommes immenſes à l'Etat, ne ſeroient pas ſujets à des réparations fréquentes, ſi la vigilance de ce Tribunal, chargé de l'inſpection ſur les Plâtrières, eût pu produire tout le bien qu'il a en vue, que la ſageſſe de ſes Ordonnances & de ſes Jugements devroit opérer, mais qu'un obſtacle caché dans la diſpoſition de ces établiſſements détruit à meſure. Les événements nous apprennent que le mauvais Plâtre expoſe le Citoyen aux plus grands dangers ſous ſon couvert & dans les rues.

Sous les auſpices du régne le plus éclairé, je me ſuis occupé d'un Projet utile : concourir au bien public c'eſt ſervir le vœu du Prince, & le

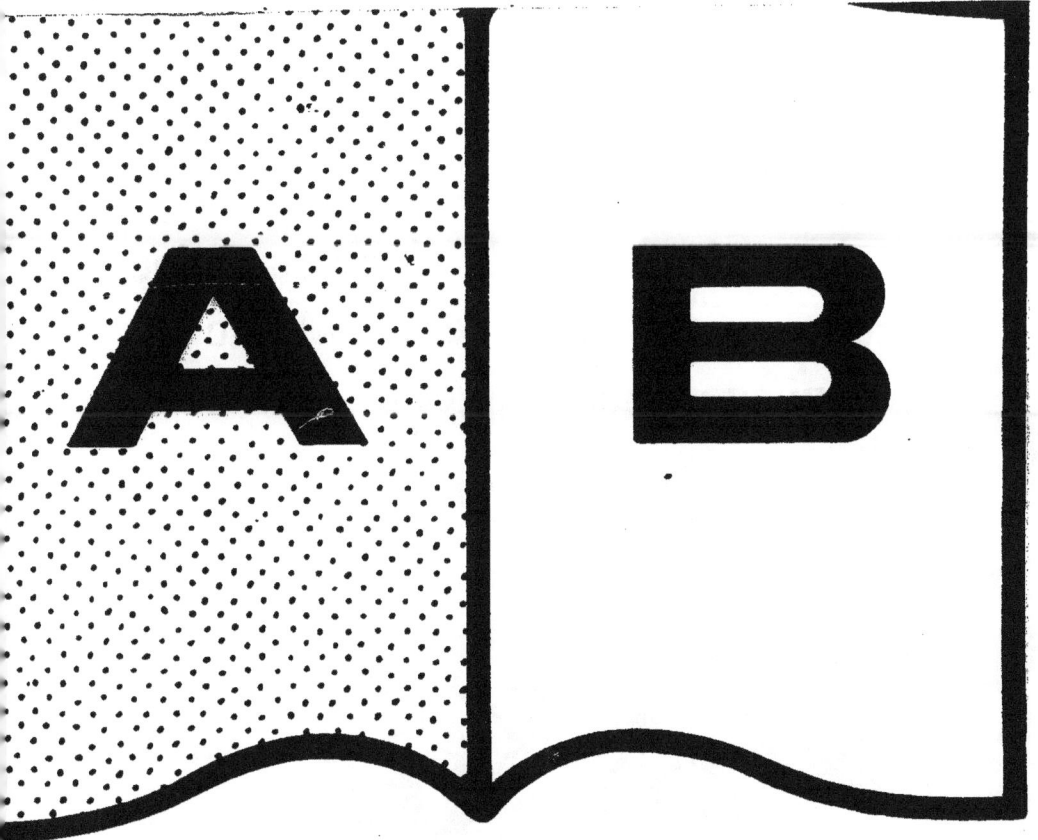

Contraste insuffisant

NF Z 43-120-14

goût de ſes Miniſtres ; y employer
mon étude eſt un devoir que je rem-
plis avec plaiſir ; voilà les titres qui
me font eſpérer , grace aux yeux du
public , ſur ma témérité d'écrire ; je
n'ai jamais fait de la littérature une
étude particulière , je le ſupplie de
n'enviſager que le ſujet de ce Traité.

APPROBATION.

J'AI lu, par ordre de Monseigneur le Garde des Sceaux, un Manuscrit intitulé : *Réflexions sur la mauvaise qualité du Plâtre & sur sa cause, & moyens de parvenir à une meilleure fabrication. Par M. Ferroussat, Architecte, &c.* Cet Ouvrage m'a paru contenir des Réflexions très-justes sur les causes qui contribuent à détériorer la force & les bonnes qualités du Plâtre ; les moyens que l'Auteur propose pour fabriquer un Plâtre toujours égal & de bonne qualité, m'ont paru très-propres à remplir ces vues, & je pense que la publication de son Ouvrage ne peut être qu'avantageuse au Public ; en l'éclairant sur un objet de la plus grande importance pour la solidité des Bâtiments. A Paris, ce 13 Décembre 1775. *Signé*, MACQUER.

PERMISSION DU SCEAU.

LOUIS, PAR LA GRACE DE DIEU, ROI DE FRANCE ET DE NAVARRE ; A nos amés & féaux Conseillers les Gens tenants nos Cours de Parlement, Maîtres des Requêtes ordinaires de notre Hôtel, Grand-Conseil, Prevôt de Paris, Baillifs, Sénéchaux, leurs Lieutenants Civils & autres nos Justiciers qu'il appartiendra : SALUT. Notre amé le sieur FERROUSSAT Nous a fait exposer qu'il désireroit faire imprimer & donner au Public un Ouvrage intitulé : *Réflexions sur la mauvaise qualité du Plâtre, &c :* s'il Nous plaisoit lui accorder nos Lettres de Permission pour ce nécessaires. A CES CAUSES, voulant favorablement traiter l'Exposant, Nous lui avons permis & permettons par ces Présentes de faire imprimer ledit Ouvrage autant de fois que bon lui semblera, & de le faire vendre & débiter par tout notre Royaume, pendant le temps de *trois années* consécutives, à compter du jour de la date des Présentes. Faisons défenses à tous Imprimeurs, Libraires & autres personnes, de quelque qualité & condition qu'elles soient, d'en introduire d'impression étrangère dans aucun lieu de notre obéissance. A la charge que ces Présentes seront enregistrées tout au long sur le Registre de la Communauté des Imprimeurs & Libraires de Paris, dans trois mois de la date d'icelles ; que l'impreſſion dudit **Ouvrage** ſera faite dans notre Royaume & non ailleurs, en bon papier & beaux caractères ; que l'Impétrant ſe conformera en tout aux Réglement de la Librairie, & notamment à celui du 10 Avril 1725 ; à peine de déchéance de la préſente Permiſſion ; qu'avant de l'expoſer en vente, le Manuſcrit qui aura ſervi de copie à l'impreſſion dudit Ouvrage, ſera remis dans le même état où l'Approbation y aura été donnée, ès mains de notre très-cher & féal Chevalier, Garde des Sceaux de France, le ſieur HUE DE MIROMENIL, qu'il en ſera enſuite remis deux Exemplaires dans notre Bibliothéque publique, un dans celle de notre Château du Louvre, un dans celle de notre très-cher & féal Chevalier, Chancelier de France le Sieur DE MEAUPOU, & un dans celle de dudit Sieur HUE DE MIROMENIL ; le tout à peine de nullité des Préſentes : Du contenu deſquelles vous mandons & enjoignons de faire jouir ledit Expoſant & ſes Ayans cauſes, pleinement & paiſiblement, ſans ſouffrir qu'il leur ſoit fait aucun trouble ou empêchement. Voulons qu'à la Copie des préſentes, qui ſera imprimée tout au long au commencement ou à la fin dudit Ouvrage, foi ſoit ajoutée comme à l'Original. Commandons au premier notre Huiſſier ou Sergent ſur ce requis, de faire pour l'exécution d'icelles, tous Actes requis & néceſſaires, ſans demander autre permiſſion, & nonobſtant clameur de Haro, Charte Normande & Lettres à ce contraires ; Car tel eſt notre plaiſir. DONNÉ à Paris, le dix-ſeptiéme jour du mois de Janvier l'an mil ſept cent ſoixante-ſeize, & de notre Régne le deuxiéme. Par le Roi en ſon Conſeil. *Signé*, LE BEGUE.

*Regiſtré ſur le Regiſtre **XX** de la Chambre Royale & Syndicale des Libraires & Imprimeurs de Paris, Nº 516. Fol. 82, conformément au Réglement de 1723. Qui fait défenſes, Article IV, à toutes perſonnes de quelque qualité & condition qu'elles ſoient, autres que les Libraires & Imprimeurs, de vendre, débiter, faire afficher aucun Livres pour les vendre en leurs noms, ſoit qu'ils s'en diſent les Auteurs ou autrement ; & à la charge de fournir à la ſuſdite Chambre huit Exemplaires preſcrits par l'Article CVIII du même Réglement. A Paris, ce 20 Janvier 1776.* LAMBERT, *Adjoint.*

RÉFLEXIONS

RÉFLEXIONS

SUR LA MAUVAISE QUALITÉ

DU PLÂTRE

ET SUR SA CAUSE.

Sous un extérieur uniforme nous bâtiſſons de deux manières, en pierre & en pans de bois ; la méthode en pans de bois eſt la plus pratiquée, celle en pierre ne l'eſt guère que pour les Palais, les Monuments publics, & les grands Hôtels ; c'eſt-à-dire, que les trois quarts des Hôtels, tous les Bâtiments occupés par le tiers-état, & par le peuple, ſont conſtruits en pans de bois hourdés & enduits en Plâtre;

A

les planchers, les plafonds, les décorations & les distributions intérieures des Palais, & des grands Hôtels, sont encore formés avec le Plâtre; il est notoire enfin que les Bâtiments élevés en mortier de Chaux sont en très-petite quantité : j'observerai aussi que tous les entretiens & réparations se font en Plâtre; de manière que, sans hasarder, j'estime que les quinze seiziémes des constructions ou reconstructions sont faites en Plâtre. Cette évaluation annonce combien il est important de veiller à la qualité de cette matière, dont la consommation est immense dans Paris & aux environs.

Jusqu'à présent nos Constructeurs ne nous ont Rapporté aucun exemple qui ait prouvé que la durée des constructions en Plâtre puisse égaler celle des Bâtiments élevés en mortier de Chaux : en effet dans certaines

démolitions de murs très-anciens, conf-
truits à Chaux, on éprouve que la pince
& le marteau y deviennent infuffifants,
& qu'on eft obligé, pour rendre ces
travaux moins longs, d'y faire jouer
la mine ; j'ai même vu que le mortier
condenfé y avoit fi bien pris nature
de pierre, & que fa réunion aux matériaux s'y étoit fi parfaitement opé-
rée, que, par les efforts de la mine,
le mouellon fe caffoit plutôt que de
fe défunir du mortier. Les joints à
Plâtre ne réfiftent point quand la
matière ne s'eft pas trouvée de bonne
qualité, car n'ayant ni onctuofité,
ni mordant, elle fe détache, fe pour-
rit & fe dégrade en vieilliffant ; mais
le Plâtre qui eft pur & bien fabriqué
fe durcit autant que le ciment, fait
pierre, & il réfifte aux plus grandes
charges ; une expérience que j'ai ré-
cemment faite fous des yeux dignes

de foi nous l'affure : j'aurai lieu dans ce Traité de la faire valoir.

Il eſt donc certain qu'il y a dans la fabrication du Plâtre des abus auxquels il eſt de la plus grande importance de rémédier.

Si, malgré la diſproportion de durée bien démontrée, l'on préfère l'emploi du Plâtre à celui du mortier de Chaux, c'eſt parce que les hommes font trop preſſés de jouir ; le propriétaire d'un terrein n'a pas plutôt fait jetter les fondations * de l'édifice qu'il voudroit en voir monter le comble. Dans ce cas ce n'eſt pas du mortier de Chaux qu'il faut ſe ſervir, parce

---

* On a remarqué, le 12 Juillet 1775, dans la cour Saint-Martin-des-Champs, un Bâtiment élevé par le ſieur Lafond, maître Maçon, dont on a jetté les fondations en Mai, & qui a reçu ſa couverture au commencement de Juillet ſuivant. Cet exemple n'eſt pas le ſeul.

qu'il eſt long plus ou moins à ſe durcir ; ce qui dépend de pluſieurs choſes : de la quantité & de la qualité du Sable qui entre dans ſa compoſition , de la qualité de la pierre plus ou moins glutineuſe dont on fait la Chaux , & du plus ou moins d'eau qu'on y met en la détrempant.

Le mortier, provenant d'une Chaux faite avec des cailloux, acquerra bien plus de vivacité, de qualité & de réſiſtance ſous la charge, que celui qui proviendra de toute autre pierre ; l'un & l'autre employé dans la même conſtruction ne peut pas ſe durcir en même temps & au même degré : alors dans un Bâtiment fait précipitamment, les murs s'aſſeyant plus promptement les uns que les autres , occaſionnent divers mouvements dans le corps général, l'on les apperçoit bientôt ſur l'extérieur, & par les plan-

chers qui quittent le niveau ; ce qui
eſt l'effet de la réſiſtance que la qualité du mortier de Chaux aura donné
plus ou moins dans des parties de
murs que dans d'autres.

Le Plâtre ſeul peut ſe prêter à l'im-
patience du Propriétaire : devant être
employé pur , il aura l'avantage ſur
la Chaux de porter dans tous les murs
du Bâtiment la même qualité , n'étant
affoibli par aucune partie hétérogène
il oppoſera partout ſous la charge ,
la réſiſtance néceſſaire au même inſ-
tant & au même dégré ; de manière
qu'à cet égard la conſtruction ne
pourra être vicieuſe , quelque dili-
gence que l'on y mette. C'eſt un fait
dont l'expérience répond ſi l'Entrepreneur emploie un Plâtre fidéle &
bien fabriqué ; autrement le Plâtre
convient auſſi peu que le mortier de
Chaux.

Pour la folidité des Bâtiments on
ne péche pas faute d'inftruction fur
la qualité des matériaux , du bois de
charpente, des fers & de la menuife-
rie ; les Réglements ont tout prévu :
mais a-t-on prefcrit pour le Plâtre
une marche qui tranquillife le Propriétaire fur fa pureté & fa qualité,
que l'emploi feul peut faire connoître ? Le bois, le fer, la pierre, la tui-
le, & tous les autres matériaux fe
montrent tels qu'ils font, les vices
qu'ils peuvent avoir s'annoncent ;
mais au Plâtre amalgamé avec les
décombres de carrière que la fleur
de cette matière envelope & mafque,
l'ouvrier ne peut rien connoître s'il
n'en gache un effai fur chaque fac :
cette précaution affureroit la bonté
de fon ouvrage, mais la pareffe ou
le peu de loifir du prépofé dans l'attelier, & plus fouvent encore fa faveur

achetée y préfentent un obftacle in-
vincible ; d'ailleurs cette opération
exigeroit un temps confidérable qui
feroit pris fur la journée de tout un
attelier & du charretier ; en forte que
c'eft fur la confiance que le Plâtre fe
livre.

Cette branche de commerce n'eft
pas devenue fi importante fans faire
faire des réflexions à nos Architectes,
mais éloignés de cette étude, d'abord,
parce que c'eft au fabriquant qu'il
appartient de veiller à la perfection
de fa marchandife ; en fecond lieu,
parce que ces Artiftes s'en font rap-
portés aux maîtres Maçons, qui, re-
tenus par le fervice de leur métier,
n'ont pu s'occuper de ces établiffements répandus dans la campagne.
Quelques-uns ont cru qu'il étoit plus
aifé de réunir les détails différents de
leur état aux foins de l'exploitation

d'une carrière de pierre à bâtir, elle peut en effet leur être fructueufe par la connexité de l'extraction avec l'emploi; ils s'en font occupés : le Plâtre porte bien en foi le même rapport, mais les habitudes blâmables des Ouvriers, par la volonté defquels les difpofitions actuelles obligent de paffer, leur ont préfenté trop de difficultés; ils ont négligé cette fpéculation.

Sur cet objet, j'ai eu l'honneur de mettre mes Réflexions fous les yeux de l'Académie Royale d'Architecture & du Miniftère public; l'accueil favorable, dont l'un & l'autre les ont honorées, eft pour moi d'un prix ineftimable, leur defir très-authentiquement manifefté de les voir exécuter, porte dans mon cœur l'encouragement : l'affurance de mon dévouement éternel, & de mon obéiffance,

eſt la ſeule preuve de reconnoiſſance
qui ſoit en mon pouvoir; c'eſt ce dont
j'ai deſſein de les perſuader en renou-
vellant mes efforts pour développer
clairement les procédés utiles que j'ai
imaginés pour la fabrication du Plâtre.

ADONNÉ à l'Architecture par goût
& par l'ambition de mériter place à
côté du vrai Citoyen, je vois depuis
long-temps avec inquiétude les effets
dangereux & fréquents d'un Plâtre
mal fabriqué & altéré; tandis que, par
ſon onctuoſité & ſa force, il devroit
tenir lieu du ciment, & nous répon-
dre de la durée de nos retraites, &
faire notre ſécurité : des accidents
notoires nous apprennent que le Citoyen court des dangers évidents par
le détachement des plafonds, des en-
tablements, l'écroulement des murs &

dès cheminées ; & c'eſt parce que je l'ai vu expoſé à tant de riſques que je me ſuis livré à l'étude la plus exacte ſur cette matière.

J'ai acheté en 1771 une carrière à Plâtre, dont la maſſe pleine & ſans puiſards a toute la qualité déſirable ; en me familiariſant avec les Ouvriers, j'ai pris une juſte notion de leurs uſages ; j'ai conſulté les Marchands les mieux famés ; pour n'être arrêté par aucun doute, j'ai aſſiſté aſſiduement à cette manipulation, j'y ai même mis la main ; & c'eſt en m'inſtruiſant par moi-même du moindre détail, que j'ai pénétré les moyens employés à voiler les amalgames infidéles qui font la mauvaiſe qualité du Plâtre, & qui font exécutés dans tous ces atteliers.

Le nombre infini d'expériences faites dans un travail de quatre ans, m'a

convaincu que ces établissements se
souftraient aisément à l'infpection
confiée à la Chambre Royale des Bâtiments, parce qu'ils font épars, fans
ordre, & que l'éloignement favorife
leurs malverfations réitérées fous des
formes nouvelles. Je vois avec éton-
nement les fours ouverts à la difcré-
tion de tous les vents qui tourbillon-
nant fans ceffe dans ces fonds de
carrière, tourmentent le feu & en empêchent l'action. Dans la forme né-
gligée de leur conftruction, la cuiffon s'exécute mal fi on y épargne le
bois, ou devient trop chere fi on y
confomme tout celui néceffaire : *
c'eft pour fe dédommager du tort

---

* Qu'elle économie en effet pourroit-on attendre
de cette forme que le frontifpice repréfente telle qu'elle
eft exécutée aujourd'hui ; fous un hangard très-petit,
tout ouvert fur le devant, percé de deux croifées fur
le derrière, & couvert en tuiles à claire voie ? Il eft

réſultant de ce dernier inconvénient, que l'ouvrier élevé dans les reſſources criminelles de ſon pere, oſe ſe permettre ce mêlange des pouſſières provenantes de l'exploitation des carrières, & terrifiées par le hale & la pluie; ſon intérêt ne lui a point ouvert les yeux ſur le méchaniſme vicieux de ſes fours; le changement qu'il faudroit y faire, occaſionneroit une dépenſe qu'il redoute, & ſon induſtrie ne lui a fourni juſqu'à préſent d'autre voie pour s'indemniſer que celle de la fraude.

C'eſt parce qu'ayant ſuſpendu mon premier état pour examiner la manipulation du Plâtre, que je ſuis autoriſé à me croire aſſez inſtruit ſur les

---

vrai que l'ouvrier eſt plus à l'aiſe, quand il ſe délivre de la fumée, & que par tant d'ouverture elle part aiſément; mais il en dépenſe bien plus de chaleur en pure perte.

combinaiſons différentes de cette pro-
feſſion, & que j'oſe mettre mes Réflexions ſous les yeux du Gouvernement.

Je fais obſerver qu'il eſt triſte de
ne pouvoir aſſujettir par un Réglement tous ces Manufacturiers à la
néceſſité de bien fabriquer ; & cette
impoſſibilité eſt démontrée par les
ſoins inutiles de la Chambre des Bâtiments , ſur leſquels elle gémit ſans
ceſſe.

Il faut donc un miracle pour ſub-
juguer l'indocilité de cette claſſe d'Ouvriers ; oui, il en faut un. Il eſt au
pouvoir des hommes. L'exemple d'un
établiſſement, conduit plus ingénieu-
ſement & plus fidélement, peut ſeul
l'opérer. Auſſi-tôt la concurrence ſera
établie , & preſcrira naturellement
dans tous ces atteliers l'obligation de
bien fabriquer.

Sans cette uniformité, le Fabriquant fidéle feroit un commerce ruineux; forcé de se conformer au bas prix qu'établit celui qui est aidé par la fraude, nul moyen ne lui présente la restitution des frais qu'une bonne manipulation produit, tandis qu'il voit à côté de lui l'infidéle se procurer un bénéfice assuré, par le volume que lui fournissent les mixtions prohibées. Mais pourroit-on dire, un homme honnête quittera cet état plutôt que de se joindre à tant d'horreurs : point du tout, s'il n'a d'autre ressource pour élever sa famille; & n'eût-il pas d'enfants, il y restera attaché pour sa propre subsistance; y étant lié d'ailleurs par l'engagement de ses fonds, il suivra le torrent impétueux de l'exemple. Quand même l'honnête homme se retireroit, il seroit bientôt remplacé par un autre moins délicat ; & la quantité de la matière infidéle ne diminuera point. Voilà la fource empoifonnée qu'il faut tarir.

La vertu fe laffe quand fes foins reftent infructueux ; l'Ouvrier s'eft toujours relâché fur fes devoirs, quand il a été pouffé par des avantages que le fruit de la fraude tolérée lui préfente conftamment. D'après ce principe, il y a certitude que l'altération du Plâtre eft générale. *

---

* Il peut y avoir cependant quelques atteliers moins négligés, & qui ne méritent pas d'être confondus dans le général ; j'en connois même un dont les Propriétaires, impénétrables à toute maligne induction, tiennent dans leur commerce une conduite rare & édifiante ; pour ne pas bleffer leur modeftie, je voudrois éviter de les faire connoître ici, mais je ne puis me taire, & je dois les décharger de mes reproches : cette obligation m'eft impofée par une foule d'actes de piété & d'humanité de leur part, connus du public, & confirmés par l'eftime particulière des Magiftrats de la Chambre Confulaire de Paris en leur faveur : ce

Il n'est point en effet de Bâtiments où les Entrepreneurs ne soient obligés de jetter bas des ouvrages défectueux, provenants du défaut de qualité dans cette matière. Les Architectes connoissent ces événements ruineux pour les maîtres Maçons, ou pour les Propriétaires.

———————————

Le germe de tant de vices, qui infectent ces Établissements particuliers, est dans leur disposition actuelle ; voilà l'unique question que j'ai dû me faire, & que je me suis attaché à résoudre : c'est aussi le moyen de secon-

———————————

Tribunal a choisi l'un d'eux pour l'éclairer sur les affaires litigieuses de carrière, qui ressortent de son attribution, & dans lesquelles il donne son avis avec autant d'intelligence que d'intégrité : ce zélé Citoyen emploie même beaucoup de temps à terminer chez lui, & gratuitement, la plus grande partie de ces différents, qui ne retournent point aux Juges.

B

der les foins de la Chambre Royale,
& l'unique remede au mal : je vais le
prouver par un expofé que je borne
à deux points.

1° Je me fuis déja expliqué fur la
forme peu utile des Fours employés
actuellement à la cuiffon du Plâtre,
& fur la grande diffipation de chaleur
dont l'effet eft perdu. Par un petit
changement que j'ai fait à ceux de
pareille conftruction que j'ai trouvé
dans ma carrière, j'ai corrigé l'inconvénient des vents. Mais ce changement, que la fituation du local & les
circonftances m'ont permis, ne produit pas la perfection que j'ai en vue;
je defire fermer les Fours & leur donner une forme, qui, fixant le feu fur
la matière, opérera la cuiffon plus
également.

2° Selon la pratique actuelle, les
Fours font établis dans les carrières

même , ils reçoivent les pouffières qu'occafionne l'extraction de la maffe, pouffières , qui , comme je l'ai dit , éventées & terrifiées au hâle & à la pluie, ne peuvent pas acquérir , par la cuiffon , la qualité des recoupes jettées dans la fournée , à mefure qu'elles fe font fous le marteau; pouffières qui font devenues le fecret d'un bénéfice criminel, l'objet des mixtions prohibées , & qui donnent lieu à tant de contraventions. Il eft encore une autre forte de décombre qui s'incorpore dans le Plâtre : l'aire de ces Fours doit être, relativement à leur conftruction, maintenue à une certaine hauteur , pour aider l'activité du feu: cette aire s'ufe & fe mêle au Plâtre par le mouvement des péles lorfqu'on remplit les facs; on la recharge de terre , elle fe recreufe; & ainfi fucceffivement cette terre s'incorpore & altère la qualité du Plâtre.

Enfin que la mauvaise cuisson provienne de l'informe construction des Fours, ou non ; que l'altération du Plâtre soit du fait de l'Ouvrier, qu'elle soit consentie ou non par son Maître, qu'elle soit, en un mot, l'effet d'une manipulation coûtumiere, les abus existent : il s'agit d'y remédier. C'est à quoi la Police, établie depuis plus d'un siécle & demi, * administrée sous les ordres de la Chambre Royale des Bâtiments, Ponts & Chaussées de France, n'a pu parvenir, & ne parviendra jamais, quand même elle établiroit des Sentinelles dans ces lieux coupés, devenus des abîmes, & la retraite nocturne des vagabonds, des scélérats, ** & que les Maîtres n'osent fréquenter que dans le jour.

---

* Par Lettres Patentes de 1594.

** Il n'est point de carrières dans laquelle il ne se

Qu'on examine comment fe fait cette police, & par qui elle eft faite, & l'on verra fi elle a pu apporter du remede contre tant d'abus, en laiffant fubfifter la difpofition actuelle de ces Manufactures, ou fi l'on doit y faire quelque changement qui rende cette police utile.

Sans contredit, l'inquiétude fur la

---

paffe, pendant l'année, quelque délit de vol ou de meurtre. Une des nuits du 18 au 20 Mars 1775, la maifon que j'ai fait bâtir, pour retraite dans le jour, a été attaquée, le contrevent d'une des croifées a été ouvert avec fractions, & les autres qui n'ont pu être forcés, ainfi que les portes folidement fermées, ont été coupées, hachées & effayées avec des pinces ou des leviers de fer. Monfieur le Commiffaire Maillot s'y eft tranfporté fur la déclaration que j'en ai faite en fon étude le 21 du même mois. Quelques mois auparavant on a furpris, dans une petite carrière voifine, un homme qui travailloit à fa deftruction, il s'étoit donné quelques coups de couteau. Enfin les Ouvriers de toutes les carrières fe plaignent des vols très-fréquents de leurs outils ; & j'attefte que dans la mienne mes Ouvriers ont de même été volés.

bonne qualité du Plâtre , intéreſſe plus particuliérement le maître Maçon que perſonne, puiſqu'il eſt garant de droit , & par condition ordinairement ſtipulée dans tout marché d'entrepriſe, du bâtiment qu'il éleve. Auſſi eſt-ce dans ſon corps que les Juges, Maîtres Généraux de la Chambre, nomment les Commiſſaires pour procéder à la viſite des Plâtres. Ce Tribunal leur indique le jour qu'ils feront leur tournée dans les carrières, & il les autoriſe à dreſſer contradictoirement des procès-verbaux ſur l'état des Fours , ſur leur manutention ; & à cet effet, un des Huiſſiers de la Chambre les accompagne.

Sur la foi de ces procès-verbaux , la Chambre prononce des amendes, des interdictions , ou d'autres peines contre les délinquants, conformément aux réglements , & ſelon la gravité de la contravention conſtatée.

VOILA donc une police fagement ordonnée, & comme elle devroit être exécutée ; mais ces vifites pénibles ont été jufqu'à préfent infructueufes, au grand regret des Maîtres Généraux ; parce que, quoique la manutention des Fours foit ordinairement établie dans le fond des carrières, il y a des Ouvriers occupés fur des éminences, d'où ils donnent l'éveil à l'attelier, quand ils voient arriver les Officiers de Police : d'ailleurs les Plâtriers fçavent mafquer leur fraude, & s'ils font quelquefois furpris, ils ont fçu fe ménager dans leur manipulation des moyens de défenfe * que l'on ne peut combattre que foible-

---

* Dans l'ordre de mes penfées, je vois que ces Commiffaires, éclairés par l'expérience dans leur état, font bien compétants pour juger la qualité du Plâtre : (c'eft de cette efpèce que les procès-verbaux

ment ; d'où il réfulte des nullités de procès-verbaux, ou des conteftations qui chargent les Magiftrats & leurs Officiers, de la haine des Ouvriers.

Les Maîtres Maçons, commandés pour ces tournées, les font même contre leur gré & avec quelques précautions, parce qu'il ont à procéder contre des gens indociles & durs, qui tiennent de la nature fauvage du local. Ces Officiers faifant leurs fonc-

---

doivent auffi faire mention :) que pour ce qui regarde la difpofition des Fours, leurs opérations, & la deftination des pouffières qui fe trouvent amoncelées à l'approche defdits Fours, ou parce qu'elles y font les débris de la préparation des pierres que les Carriers y apportent, ou parce que les Ouvriers ont le deffein de les employer furtivement dans la fournée, (ce qui eft très-probable, & communément effectué,) mais furquoi ils peuvent auffi très-bien fe défendre, s'ils ne font pris fur le fait ; ils n'ont qu'à foutenir qu'ils attendent le premier loifir pour les tranfporter dans les décharges : à cet égard, dis-je, je fens que Meffieurs les Officiers peuvent fe tromper, & mal voir dans les objets qu'ils jugent ; de manière qu'avec le

tions avec inquiétude, & à la hâte, déclarent avec beaucoup de ménagement, excufent même l'état de contravention. Il eft impoffible qu'il n'y ait dans ces vifites, ou de la légéreté, qui ne permet pas un examen réfléchi, & qui les rend inutiles, ou des nullités, à la faveur defquelles les délinquants trouvent l'impunité des délits.

Le moyen le plus certain de ren-

---

cœur le plus droit, & avec tout l'efprit du devoir, n'étant pas inftruits particuliérement fur l'étude de ce mécanifme, ils n'ont pas pu fe mettre en état de convaincre le délinquant de fon infidélité.

D'après cette obfervation on imaginera de mettre ces Officiers à l'abri d'un fi grand inconvénient, en leur donnant pour adjoint un homme Plâtrier : il eft bien difficile ici de lever toute inquiétude ; qui répondra que cet homme de l'état ou ne foit partial, ou ne conferve pour fes Confreres quelque ménagement? L'efprit de Corps, & l'intérêt particulier, me le rendent fufpect ; il exercera en apparence une fonction que fon cœur reprouve, & dont il aura d'avance trahi les devoirs.

dre les Ouvriers dociles & fidéles, c'est dès l'instant que l'on forme un attelier, d'y établir une discipline qui écarte d'eux toute occasion d'infidélité, & qui persuade que l'Artiste qui les commande ne leur fera ni tort, ni grace. Pour les entretenir dans cette persuasion, il faut, 1°, donner une attention habituelle à leur manutention, 2°, les payer exactement au terme convenu, qui sera la vérification faite de leur tâche. Ces hommes élevés grossiérement, & disposés au murmure, deviendront circonspects & doux; attachés à l'attelier, par l'assurance d'y recevoir le prix du travail, ils consulteront leur intérêt; pour se maintenir dans leur place, ils en rempliront les fonctions conformément à la discipline établie. Mais, il faut sur-tout mettre à leur tête un homme qui connoisse bien la pratique de l'œuvre qu'il aura à leur commander.

Un tel arrangement est sûr, il est fait pour vaincre la résistance de cette classe subalterne , dont la sévérité des peines semble plutôt augmenter la férocité que l'adoucir. Mais quelque bon qu'il paroisse , il ne peut réussir que dans un établissement nouveau ; il ne seroit reçu dans aucun de ces atteliers épars , où l'habitude & l'intérêt ont déja réglé la marche des Ouvriers , & qu'a fortifiée la solitude du local. L'introduiroit-on de force ? mauvais moyen ; un déluge de désagréments , le danger peut-être pour la vie, forceroit bientôt l'Inspecteur , chargé de l'exécution , de se démettre.

En partant de ce principe pour la plus utile fabrication du Plâtre , il faut donner à l'établissement une forme abfolument neuve; pour la meilleure police, il y s'agira de féparer l'Ouvrier de l'occafion du vice; & voici comment.

Je propofe de tranfplanter les Fours affez loin de l'exploitation des carrières, pour que les décombres ne puiffent y être employés; les moëlons feuls, propres à cuire, y feront tranfportés, les recoupes y feront jettées à l'inftant qu'elles fe formeront fous le marteau, n'ayant pas le temps de s'éventer, elles feront du bon Plâtre; il eft certain que, fur ce chapitre d'économie, l'intérêt tiendra le Manufacturier éveillé, de manière que tout étant emploié on ne peut craindre nul embarras ou engorgement, ni dans l'établiffement, ni dans fes approches.

Le peu de valeur des pouffières ou décombres de carrière, comparé avec les frais de leur tranſport, tiendra lieu de l'inhibition la plus expreſſe d'en faire uſage : cette dernière conſidération ôte toute inquiétude ſur cet objet.

Le ſuccès de votre projet, me dira-t-on, fera des mécontens & eſſuiera des contrariétés. Comment, & de qu'elle part, dès que je n'en exclus perſonne : il eſt vrai que la méthode actuelle, ſi favorable à la fraude, pourra perdre de ſon crédit : ce ſeroient donc les Plâtriers que j'aurois à redouter ? Mais de quel poids pourroient être leurs oppoſitions, lorſque je me préſente ſous la protection du Gouvernement, pour donner à mes frais un exemple utile. Sans qu'on ait recours à la voie de l'autorité, pour perfectionner la qualité des Plâtres, le Citoyen verra exécuter des procédés auſſi importants qu'ils ſont peu connus, dont tous les Fabriquants feront maîtres d'ufer. Je rapprocherai, le plus qu'il me fera poffible, l'établiffement fous les yeux du Tribunal, chargé de fon infpection, pour que les vifites qu'il jugera néceffaires foient plus aifées & plus fréquentes.

LA nuifible infidélité que je combats dans la fabrication du Plâtre, change d'efpèce dans toute autre manufacture où elle peut être regardée comme économie imaginée par l'induftrie ; il eft vrai qu'elle peut donner lieu à des contraventions aux réglemens de Communauté qui ont leurs objets particuliers, mais elle ne trompe pas le public : par exemple, dans un drap de laine ou de foie, dont la largeur ou la force, fixée par les ftatuts, n'y feroit pas bien conforme, dont la chaîne feroit hourdie d'un moindre nombre de fils ; il en réful-teroit une étoffe plus légere ou plus étroite ; tout cela fe voit & fe tou-che : le Fabricant fait des affortiments de tous les prix, l'Acheteur tient la balance dans fa main, au tac il dif-tingue la féchereffe ou le moileux de l'étoffe, & n'en paye que la valeur réelle ; il eft libre de prendre ou de laiffer ce qu'il touche & ce qu'il voit. En affaire de conftructions cela eft bien différent : un Plâtre infidéle, chargé des mixtions mafquées par la fleur de cette matière, fe préfente en apparence auffi beau que le Plâtre pur : la différence de leur qualité ne fe connoît qu'à l'emploi, & jufques-là l'un eft l'autre indifféremment fe déchargent à prix égaux.

De l'altération du Plâtre réfultent très-fouvent de fi grandes défectuofités que l'Entrepreneur eft obligé de démolir fon ouvrage. Voilà dans ce dernier cas une perte bien évidente pour le Maçon, quand un Architecte actif y tient la main. C'eft une infidélité au préjudice du propriétaire, quand le Maçon échappe à la vigilance de fon fupérieur.

Il eft donc bien effentiel que le miniftère public foit éclairé fur les nombreufes reffources que la mauvaife foi & la cupidité ont imaginées dans une des plus utiles manutentions, & qu'en protégeant le zèle d'un Citoyen inftruit, il affure les moyens de détruire tant de fraudes.

L'EXÉCUTION de mon plan ne fe borne pas à corriger le caractère de la manipulation, je dois encore l'étendre jufques dans la conftruction des Fours :

Fours : la forme des nouveaux que je propofe de faire exécuter, eft très-fimple, & le fuccès d'une cuiffon parfaite & égale, eft certain ; la matière à cuire y eft renfermée de toute part, il ne refte d'un côté qu'une entrée pour jetter le bois fur le brafier, & dès que la charge eft faite, cette entrée eft fermée par une plaque de fonte, au bas de laquelle eft pratiquée une ventoufe pour aider l'action du feu qui fe porte & fe fixe fur le bloc de la fournée : de l'autre côté, font établies plufieurs petites ventoufes qui fervent, en les ouvrant, à attirer & à diftribuer dans cette partie le feu ; en les fermant, l'activité du feu eft renvoyée ou modérée felon le befoin & l'intelligence du Fournier.

On fçait enfin que par la méthode pratiquée, cette exploitation, & le façonnage du Plâtre, excitent une

C

pouffière très-incommode. Cet inconvénient eft parfaitement corrigé dans
l'établiffement dont il eft queftion.

Jufqu'à préfent les Auteurs n'ont
annoncé que trop légérement leurs
projets, ils n'ont point eu foin de les
accompagner d'actes qui conftataf-
fent affez les effais faits fur leur utilité. Le Miniftre, faute de cette con-
viction, ne peut affeoir fon jugement.

Pour qu'on croie fainement aux
avantages d'une nouveauté, l'Auteur,
après en avoir démontré clairement
le mécanifme, doit, au foutient de
fes calculs, préfenter des épreuves dans
l'exécution réelle du projet; *en petit
fi l'on veut*, l'effentiel eft, que les opérations foient les mêmes qu'elles de-
vront être en grand, & qu'elles offrent

au Miniſtère l'évidence du bien qu'il annonce.

Plein de cette vérité, pour mettre l'utilité de mes nouveaux Fours dans le plus grand jour, & mieux démontrer leurs avantages conſacrés au public, j'ai fait conſtruire dans mon jardin, à douze pieds près & deſſous les croiſées de la maiſon que j'occupe, le modèle du Four que je propoſe : j'y ai fait dix épreuves capables de m'aſſurer que je ne promets au Gouvernement que ce que j'exécuterai, & de me tranquilliſer ſur l'importance de cet engagement ſolemnel.

Au premier coup d'œil toute nouveauté étonne : ſi celle-ci, quoiqu'utile, doit éprouver le même ſort, il ne peut me venir que du côté des Manufacturiers actuels, qui, roidis par l'habitude, & inſpirés par leurs intérêts secrets que la difposition vicieufe de leurs Fours favorife, feront les plus grands efforts pour la difcréditer.

Ils confidéreront d'abord le tranfport du Plâtre crud, que je propofe de cuire hors des carrières, comme une furcharge de frais trop peu réfléchie, puifque la premiere attention d'un Auteur doit fe porter fur la réduction des frais ; j'en conviens : mais quand le moment de l'exécution me fera indiqué par le Miniftre, je prouverai qu'il en réfultera des moyens d'économie qui indemniferont amplement des frais de ce tranfport. Il leur femblera, dis-je, plus avantageux de cuire le Plâtre dans les carrières, comme on le fait aujourd'hui, pour le tranfporter tout fabriqué dans les bâtiments.

Cette obfervation n'eft rien moins

que fpécieufe , elle ne trouvera d'accès que dans les efprits peu inftruits fur les ufages pernicieux des fabriques actuelles ; & fon motif, très-facile à pénétrer , ne peut pas altérer la folidité de ma propofition. Je demande qu'on veuille analifer l'une & l'autre , on y trouvera l'intérêt fecret qu'ont ces Fabricants , vîeillis dans leurs pratiques , de perpétuer le vice local qui voile leurs infidélités dans la matière ; on reconnoîtra que ce n'eft pas cette nouveauté qui aura pu exciter leurs murmures , mais le déplacement de leur Four , qui, dans un lieu ifolé , exécute impunément ces mixtions frauduleufes , parce qu'il y eft hors de la vue du Tribunal chargé d'y veiller. Ma conclufion eft fimple & fans replique , elle porte fur un principe folide & reçu généralement : *Séparez l'Ouvrier de l'occafion du vice.*

Les procédés de ces Manufactures seront toujours suspects, tant qu'elles occuperont les mêmes lieux, c'est un fait que l'expérience de plus d'un siécle a démontré à la Chambre Royale des Bâtiments, par la quantité des procès-verbaux dont son Greffe est chargé ; c'est une vérité, dis-je, que nos Architectes voyent renouveller tous les jours sous leurs yeux.

Le Tribunal, chargé de cette inspection, & le Corps illustre de l'Académie d'Architecture, ont applaudi unanimement au déplacement des Fours ; ils y trouvent le bien public, eu égard aux motifs que j'ai déduits, à la nouvelle forme de ces Fours & aux nouveaux procédés que j'y ai exécuté sous leurs yeux ; & ils desirent que le Ministre veuille bien en favoriser l'exécution.

SI mon langage & mes démarches
font ici un paradoxe, dans la bouche
d'un homme intéreſſé aux combinaiſons les plus fructueuſes de ſon
commerce, & qui en néglige les avantages pour ſe livrer avec affection au
ſoin d'en détourner les abus; je puis,
ſans orgueil, prétendre à l'eſtime publique & à la protection du Souve-
rain. Auſſi je crois déjà me voir en
proie à la jalouſie de ce petit cercle,
partiſan de la méthode dont je dé-
truis les reſſources ; mais je ne ſuis
nullement inquiet de l'orage : ſi je
prive quelques particuliers des béné-
fices qu'ils ne doivent qu'à la fraude,
je les en indemniſe en leur en ſub-
ſtituant d'autres qui ſont auſſi cer-
tains qu'honnêtes.

Si le déplacement des Fours en-

traîne des nouveaux frais , les procédés économiques que je propofe à
quiconque voudra m'imiter, font des
moyens de compenfation qui doivent
détruire toute inquiétude & tout murmure. Quel travers pourroit donc
verfer de l'amertume dans la douceur
que je goûte à travailler au bien général, & troubler la confiance avec
laquelle j'en occupe le Miniftre?

Enfin, l'on apperçoit dans l'établiffement que je propofe, que l'ufage &
l'expérience qui fuivront de près l'approbation du Gouvernement, auront
bientôt mérité la confiance publique;
alors néceffité deviendra vertu, la
concurrence & fes effets rameneront
l'incrédule fur les pas de la vérité :
j'aurai la gloire d'avoir répondu aux
vœux du Monarque le plus chéri :
j'aurai, par la voie même de la liber-
té, fubftitué une fidéle fabrication

à ces pratiques proscrites par les Réglements, & forcé les fabriques actuelles à donner déformais un Plâtre pur, liant * & en état de réfister aux plus grandes charges des bâtiments, qui produira la durée de nos Hôtels,

---

* Un Plâtre pur, liant & bien fabriqué s'unit fi parfaitement avec les matériaux, même avec le bois, qu'ils ne font l'un & l'autre qu'un même corps. J'obferve qu'un bon enduit fait avec du Plâtre, tel que celui qui réfulte de mes procédés, ne contribueroit pas peu à préferver le haut plancher & les cloifons d'un appartement livré aux flâmes; parce qu'il en peut ralentir les effets, affez pour donner le temps d'y porter des fecours. Il s'enfuivroit auffi qu'il empêcheroit l'effrayante communication de l'incendie, ou qu'il en retarderoit beaucoup les progrès. Je ne donne cette obfervation dans ce moment où nous venons d'effuier un événement des plus affligeants, *l'embrafement du Palais de notre Capitale*, que parce que j'ai effayé avec avantage, il y a deux ans, d'envelopper avec du Plâtre pur deux piéces de bois placées dans mon Attelier au-deffus du parement de la fournée; où les flâmes jouent à leur gré : cette charpente s'enflâmoit auparavant, toutes les fois qu'on allumoit, elle ne s'enflâme plus, & le Plâtre, qui ne s'eft pas encore défuni, la préferve encore.

de nos Temples, de nos Monuments
publics, & fur-tout des Maifons Royales, dont l'emploi précieux intéreffe
la Nation entière.

Ces Manufacturiers, étonnés & attachés par intérêt & par habitude à leur
manière, s'écrieront : fi la faveur eft
accordée à cette nouv eauté, c'eft ren-
verfer nos établiffements actuels &
faire des malheureux. J'entends, on
redouteroit les procédés que je propofe ; eh, pourquoi ? parce qu'ils fub-
ftituent le bon au mauvais , la fidélité à la fraude , & qu'ils font contraires en tout à ceux qui fe pratiquent ? fans doute, il n'y a pas à ba-
lancer : il faut ou abolir cette pratique connue, ou étouffer cette nouveauté prête à éclore ; mais il faut
choifir la plus utile , j'ai démontré
que c'eft la mienne qui a cet avantage , & la faine politique exigeroit

que le Gouvernement la protégeât ;
une nouvelle réflexion va le prouver.

La concurrence eſt abſolument néceſſaire dans toutes les eſpèces de
commerce : un nouveau Marchand a
des ſecrets particuliers & utiles à ſa
vente , il ſçait ſi bien employer ſon
induſtrie que le public court à ſon
magaſin à peine ouvert : ſoit meilleure fabrication , ſoit inconſtance ,
ſoit curioſité, les acheteurs deſertent
les autres boutiques pour préférer la
ſienne. Sur un auſſi ridicule prétexte,
proſcrira-t-on ce nouveau Marchand ?
Par-là on décourageroit l'induſtrie, &
nous perdrions pour jamais ſes avantages. C'eſt cette concurrence qui dans
tous les objets renouvelle l'activité ;
elle eſt auſſi le motif qui décide le
Gouvernement à en autoriſer la liber-
té , la ſoumettant néanmoins aux Réglements.

Par mon projet, je ne veux ni ne peux nuire à aucun Fabricant de Plâtre : si sa matière est reconnue vicieuse, en la comparant avec la mienne, il sera sans contredit obligé, par l'éloignement du public, d'en abandonner la manutention pour embrasser la nouvelle proposée ; si au contraire elle se trouve supérieure & plus économique, son plan actuel subsistera, à cet égard nulle entrave ; le mien ne sçauroit lui nuire, & s'anéantira de lui-même : c'est donc moi seul qui demeure livré aux risques de l'invention, mais l'expérience m'assure qu'elle présentera des avantages assez grands pour m'applaudir de mon ouvrage, & je prévois qu'ils feront oublier à mes concurrents leurs anciennes habitudes.

J'AI bien voulu combattre un inftant l'opinion de l'intérêt par les fruits de l'expérience ; mais fans m'occuper davantage à prévenir des difficultés, j'écarte tout motif de défiance par un feul mot : c'eft la foumiffion que je réitére en face du public, de continuer, au prix que j'ai déja établi, les fournitures qui proviendront de ces nouveaux procédés.

Pour mériter la parfaite confiance du Miniftre, j'ai commencé par faire connoître la folidité de mon Projet à la Communauté des Maîtres Maçons, qui font premiers intéreffés à la reforme des abus ; j'ai confié, à la Chambre Royale des bâtiments, des moyens que j'ai imaginés, pour parvenir à la deftruction des infidélités dont elle a tant à fe plaindre ; encouragé par

l'accueil favorable qu'elle m'a fait,
je me fuis addreffé à M. le Comte
d'Angiviller, Ordonnateur Général
des Bâtiments du Roi, pour obtenir
l'agrément de confulter fur ce plan
l'Académie Royale d'Architecture,
dont il eft le Directeur : Monfieur
d'Angiviller m'ayant prefcris de demander le jugement de l'Académie,
j'ai follicité auprès de ce Corps illuf-
tre & éclairé par l'expérience, & par
les principes de fon art, la faveur de
réitérer en fa préfence les épreuves
que j'avois déjà faites fous les yeux
de la Chambre, & je l'ai obtenue.

MM. les Commiffaires ont ajouté
aux effais les plus fcrupuleux de mes
procédés la comparaifon du Plâtre
qui en eft provenu, avec celui de
trois autres fabriques, dont les voitures paffoient au même inftant; &
ils ont conftaté leurs opérations par

un rapport qui donne la plus grande authenticité à l'avantage que le public trouvera dans l'établissement que je propose. L'Académie a instruit M. le Comte d'Angiviller du succès de ses essais, en lui présentant une copie de son rapport.

J'observe encore que le Fabricant ayant le plus grand intérêt, comme je l'ai déjà dit, de ne faire voiturer que la pierre pure & bonne à cuire, & de la faire employer à fur & à mesure, jusqu'à ses plus petites recoupes ; il ne fera autour de cet établissement aucun amas de décombres. On conçoit qu'il se gardera bien d'y faire arriver ces poussières & terres suspectes qu'il ne pourra plus employer, si son attelier se trouve à l'avenir disposé sous les yeux de la Chambre Royale ; le bien même de sa manutention le forceroit à les envoyer aux voiries pour éviter tout engorgement.

MOYENS

POUR PARVENIR

à une meilleure fabrication.

POUR parvenir à une meilleure fabrication, il ne fuffit pas de déplacer les Fours, il faut encore en changer tous les procédés qui ont été jufqu'à préfent en ufage, & donner à cet établiffement un mouvement fi neuf, que l'ouvrier ne foit tenté d'employer aucun de fes anciens moyens, & qu'il n'en ait pas la faculté : c'eft ce que je vais déveloper.

Je n'ai rempli que la moitié de ma tâche en perfectionnant la cuiffon du Plâtre. La manière de le broyer & de le façonner ne doit pas échapper à mes foins. Celle de battre le Plâtre, pratiquée de tous les temps,

a

a mis en ufage un inftrument de fer en forme de petite houe, dont la figure diftinɛte fe voit au bas du frontifpice de ce Traité; fa tête porte une fuper-ficie arrondie d'un pouce & un quart, fa pointe fert à détaffer le Plâtre fa tête eft la touche avec laquelle les batteurs l'écrafent : cette méthode réunit le double défavantage d'être très-lente, & de très-mal exécuter. *

---

* Elle donne auffi un mal inconcevable aux batteurs, dont le frontifpice repréfente le travail ; ils feroient plus à plaindre que des forçats, s'ils n'avoient libre-ment choifi cet état. Ces malheureux, depuis 3 heures du matin jufqu'au coucher du foleil, dans l'attitude la plus conftante & la plus pénible, avalent de la fleur du Plâtre qu'agitent dans l'air leurs inftruments, autant de fois qu'ils font forcés de céder à l'afpiration. Pendant l'été, ils fe deshabillent entiérement pour éviter que fur leurs chemifes il ne fe forme un enduit que pro-duifent leur fueur & cette pouffière. Ils ont encore à effuyer la pluie ou l'ardeur du foleil, lorfqu'ils com-mencent à façonner le devant de la fournée dont l'aba-tage les repouffe hors du Four ; dans le cas de la pluie le Plâtre y perd fa qualité, & on le mêle avec celui de dedans.

D

L'étroite superficie de cette touche ne frappant que sur un seul point, & sur une seule pierre, combien de fois faut-il retoucher, qu'il se fait peu d'ouvrages, & combien de gravas glissants sous la touche s'échappent & arrivent non façonnés dans les bâti- ments? Le Plâtre se bat ainsi au pied de la fournée, sur la même aire où se fait tout le service par les Ouvriers & les chevaux de somme, où par conséquent la propreté ne peut pas être observée, parce que leurs pieds y apportent des terres autant de fois qu'ils y arrivent : de cette mauvaise & mal propre exécution, il résulte du Plâtre de très-mauvaise qualité & très-mal façonné.

Par mes soins, j'ai bien moins éprouvé que tout autre ces vices, mais je ne dois souffrir la moindre imperfection dans mon attelier ; &

malgré une fatigue inconcevable à laquelle trop souvent il est nécessaire de céder, ne pouvant moi-même me garantir de la désobéissance des Ouvriers, désobéissance inévitable, se reproduisant dans l'œuvre même dont la disposition conserve le germe, je desire, pour rendre cette façon meilleure & plus utile, établir un moyen sûr, à l'effet duquel j'ai composé un Moulin, que je construirai dans le centre de cet établissement ; son méchanisme simple pulvérisera le Plâtre qui y sera porté sans avoir été altéré, il le livrera coulé au gros panier, de manière qu'arrivé dans le bâtiment, sans autre façon, il pourra y être employé, à moins qu'on ne veuille faire modéler ou exécuter des ornements : dans ce dernier cas, les Maçons le passeront au sas.

Le modéle de ce Moulin, que j'ai

aussi soumis aux lumières de la Chambre des Bâtiments, & de l'Académie d'Architecture, quoique réduit au cinquieme de sa grandeur naturelle, façonne le même Plâtre que je fournis au public; étant exécuté en grand * il sera mis en action par un seul moteur; son mouvement ne sera interrompu que pour le chargement des voitures; les Ouvriers étant dressés à ce service, façonneront aisément six muids par heure, & seront bien moins fatigués que par la méthode ordinaire; en estimant dix heures de travail

---

* Les modéles du Four & du Moulin ont cuit & broyé le Plâtre en meilleure qualité qu'il ne s'est encore vu jusqu'à présent, selon les témoignages de la Chambre & de l'Académie : il faut s'attendre à un dégré de perfection bien supérieur dans les opérations de leurs méchanismes en grand, parce que leurs agents auront bien plus de justesse & de puissance, & qu'ils n'auront à cuire & à broyer que le même corps que les modéles ont cuit & pulvérisé.

par jour, ce sera soixante muids que l'on pourra fournir. Il est inutile d'étendre ici davantage la description de cette machine, que la Chambre des Bâtiments & l'Académie Royale d'Architecture ont pris la peine de faire d'une manière très-claire, & propre à faire entendre son utilité *.

Les avantages que présente ma méthode de broier le Plâtre sont très-importants ; je vais les faire remarquer par les désavantages que l'on éprouve dans la pratique actuelle, & dont voici le tableau.

1º La mal propreté & l'altération du Plâtre cuit & façonné dans les carrières.

2º Le Plâtre vert ** ou brûlé ; les Manœuvres, Maçons, qui vont dans

---

* Voyez à la suite de ces Réflexions.

** *Vert*, c'est-à-dire, pas cuit ; *brûlé*, c'est-à-dire, trop cuit.

les carrières pour avoir du Plâtre, font fervi des devants * de Four qui donnent le Plâtre verd, ou des fonds qui donnent le Plâtre brûlé; ils ne peuvent refufer ni l'un ni l'autre, fi leur tour fe trouve arrivé dans les inftants où les Batteurs font occupés à broier l'une de ces parties de la fournée. Les opérations de mon établiffement font dirigées de manière à ne produire aucun de ces inconvénient. Car à tout heure & en tout temps le Plâtre s'y livrera bien façonné & toujours en bonne & égale qualité. L'égalité dans la qualité eft importante dans tous les cas, mais fur-tout pour les ouvrages ** en cor-

---

* Les devants de fournée ne font jamais affez cuits, parce que le feu en eft toujours dérangé par les vents; les fonds ordinairement font trop cuits, fur-tout quand les Fourniers s'abfentent, & qu'ils n'ont pas foin de modérer le feu qui s'y porte naturellement.

** Ce font des petites réparations où il ne faut que douze ou trente facs de Plâtre.

vée qui ne permettent pas d'en prendre par approviſionnement, de manière à pouvoir corriger le mauvais d'une voiture par le bon d'une autre.

3º La quantité des gravas qui force très-ſouvent les Maçons, preſſés par l'ouvrage, à les répandre dans les rues pour les faire broyer par les voitures. Le Plâtre ainſi broyé eſt ſouillé par l'ordure des roues, & par les pieds des chevaux qui en emportent la fleur : il ne peut être employé qu'à des ouvrages groſſiers, & ce qu'il en reſte ſur le pavé eſt un déchet préjudiciable.

Quand les Maçons, par la diſpoſition de leurs bâtiments, n'ont pas ce rouler des voitures pour faire écraſer leurs gravas, alors ils occupent des Manœuvres qui les réduiſent à force de frapper deſſus avec des touches de bois : dans ce dernier cas, j'ob-

ferve qu'il n'y a perfonne dans le voi-
finage des attelliers de maçonncrie,
qui ne fe plaigne de la pouffière que
cette opération à bras tire du Plâtre;
& qu'il en réfulte deux très-grands
défavantages, l'un eft que cette pouffière eft nuifible à la fanté, l'autre
eft qu'elle eft la fleur qui contient
l'onctuofité fi utile au lien des matériaux, & qui ne fe trouve plus dans
le produit des gravas.

Que les Propriétaires ne foient
plus étonnés, fi les réparations fe re-
nouvellent & fe multiplient dans leurs
appartements & chez leurs Locataires? Je n'entends pas les augmenta-
tions d'aifance & de luxe que l'opulence & le goût infpirent, parce que
le défir & la paffion n'apperçoivent
ni incommodité ni difficulté; mais
ce font les dépenfes forcées & réful-
tantes des corruptions & des défec-

tuofités qui font plutôt le fruit d'une
mauvaife matière que d'une mal adroi-
te conftruction, & qui fe manifeftent
tant dans les diftributions intérieures
que dans les murs principaux, quelquefois avant la perfection du bâtiment : le rétabliffement de ces parties, après coup & en fous œuvre, ne
peut pas être parfait. Cette réflexion
intéreffe le Propriétaire; il en eft une
autre fur le déchet de la matière qui
intéreffe l'Entrepreneur, je vais la démontrer.

———————————

LE prix commun du Plâtre, livré
dans ce moment, eft neuf livres dix
fols par muid, pour le fervice de Paris, à ce prix cette matière eft char-
gée de gravas pour un tiers; ces gravas ont en groffeur depuis un pouce
jufqu'à deux pouces & demi : le Maître Maçon, jaloux de faire du bon

ouvrage , occupe donc des Manœuvres à réduire ce tiers de gravas , afin de l'employer mêlé avec le Plâtre en poudre. Si le produit de ces gravas étoit employé feul , l'ouvrage feroit mauvais , & dans le cas d'être démoli ; c'eft ce que les Maîtres éprouvent réellement quand leurs Compagnons n'y font pas attentifs , à moins que les Manœuvres pareffeux & infidéles, pour éviter cette opération, qui leur fatigue le bras & leur mutile la main, ne les jettent dans les décombres : ce dernier cas arrive plus fouvent que le premier , parce que le Maître eft plus fouvent abfent que préfent ; alors c'eft ui déchet réel de 3 liv. 3 f. 4 den. fur le muid , qui eft toujours chargé de gravas pour un tiers du muid.

Cette perte eft inévitable dans les petits ouvrages de corvée , où l'em-

ploi de ces gravas est impossible lorsque le Plâtre n'est pas cuit : j'entends
très-souvent les Maîtres s'en plaindre;
quelques-uns d'entr'eux, auxquels j'ai
communiqué le projet du Moulin ,
m'ont engagé à l'exécuter; ils m'ont
offert quinze sols d'augmention par
muid à proche distance , vingt-cinq
sols à distance éloignée , c'est-à-dire,
à moyenne distance , vingt sols; mais
à condition que le Plâtre seroit en
bonne qualité & coulé sans gravas,
ou passé au gros panier. Cette augmentation étant admise, le Maître
Maçon est certain de profiter de 2
liv. 3 s. 4 den. en évitant l'infidélité
de son Manœuvre , qu'il seroit en
outre dispensé d'employer; ce seroit
un Ouvrier qu'il ne payeroit pas ,
d'où naît encore une nouvelle économie.

J'AI dit dans la premiere section de ce Traité, que, dès que la difpofition de cet établiffement auroit obtenu l'agrément & la protection du Miniftre, je fournirois fans augmentation de prix, le Plâtre qui en proviendroit : on a dû comprendre que cette foumiffion porte uniquement fur l'avantage que j'ai l'honneur de préfenter au public, en lui donnant un Plâtre dorénavant pur, fans mixtion ou altération, en qualité égale à toute heure & en toute faifon, tandis qu'aujourd'hui on le livre en qualité qui n'eft pas la même d'une voiture à l'autre, qu'elle differe par les teintes que l'on apperçoit fur des ravalements & fur des plafonds, & qu'elle eft mauvaife dans la moitié de ce qui fe livre.

Par rapport au travail du Moulin

l'augmentation est légitime, & elle est totalement indifférente à la qualité présente & future du Plâtre, quant à la cuisson : quelques Maîtres me l'ont offert, * parce qu'ils ont senti que c'est une façon extraordinaire faite sur le Plâtre, qui, en augmentant la main d'œuvre de l'établissement, en épargne une bien plus forte aux Maîtres Maçons, & prévient le déchet qui leur a été démontré. Cette dépense ne peut se recouvrer que par une augmentation qu'ils ont eux-même fixée, selon le mérite de l'économie qu'ils y apperçoivent pour eux & pour le public.

---

* Tous y auroient également accédés, s'il eût été possible de les tous consulter.

COMPARAISON.

Four & Battage actuel.	*Four & Broyage proposé.*
1° Les Fours actuels sont ouverts & fatigués par les vents.	1° Les Fours proposés seront fermés , & leur feu sera tranquille.
2° Leur fumée traînante, incommode à l'Ouvrier même , monte très-lentement & avec étalage.	2° Leur fumée active perce aussi-tôt le bloc de la fournée ; elle s'y raréfie en partie , & le méchanisme porte l'autre partie, dépouillée de ses sels nuisibles au cerveau & à la vue , à trente - cinq ou quarante pieds de hauteur dans l'atmosphere.
3° La mauvaise qualité du Plâtre pour moitié environ de la fournée , & le déchet qui en résulte dans l'emploi , le risque des effets qu'il produit.	3° La qualité bonne , pure & suivie du Plâtre , le fait employer sans déchet ; elle contribue à la plus grande solidité des Bâtimens.
4° Les gravas verds, battus le plus souvent par les voitures dans les boues , dont il est souillé , ou à bras : l'incommodité qui résulte de cette opération pour le voisinage , & la mauvaise qualité sur cette portion de la fournée , parce que cette poussière qui s'éleve n'est autre chose que la fleur qui se perd.	4° Le Plâtre sans gravas prêt à employer, l'économie prodigieuse que produit sa bonne qualité & toujours égale ; sa fleur est conservée, sur-tout pour les petits ouvrages en corvée.

Il s'en fuit donc que l'incertitude fur la qualité des Plâtres que l'on emploie aujourd'hui, n'en laiffe aucune fur le peu de durée des Bâtiments que l'on éleve, & de leurs réparations fi fouvent recommencées, ainfi que fur le danger que court le Citoyen. Quel avantage va donc produire cet établiffement ? Nous laifferons, à nos arrières petit-fils, des retraites & des monuments que la fucceffion des temps aura bien moins dégradé que ceux que nous tenons de nos peres.

———————————

Au foutien de toutes mes réflexions, & fur-tout de celles qui ont préfenté la néceffité de placer mes nouveaux Fours hors des carrières pour y éviter les mixtions, je dois citer un exemple qui ne peut être revoqué en doute, puifqu'il exifte, &

que tous nos Architectes & les Maîtres Maçons le connoiſſent. Ce ſont
les Fours à Plâtre établis ſur les Ports
de Séve & de Marli, & autres lieux
où la pierre à cuire ſe tranſporte par
bateau : ſans contredit, le Plâtre de
ces Manufactures eſt celui dont la
qualité eſt la meilleure. La raiſon en
eſt qu'à Séve & à Marli il n'eſt point
de carrières à Plâtre, mais ſeulement
des Fours pour le cuire; que les pouſſières, les marnes & les décombres
n'y ſont point employées, non parce
que les Ouvriers y ſont plus fidéles,
car partout le même eſprit les conduit,
mais parce que ces objets de mixtion prohibée ne ſont pas ſous leurs
mains, pas même à une certaine pro-
ximité capable de tenter leur frau-
duleuſe ſépéculation. Il n'entre dans
ces fournées que les menues recoupes,
à meſure que le marteau les produit.

Il

Il faut donc ne pas perdre de vue que la cauſe de la mauvaiſe qualité du Plâtre de Paris n'eſt point dans la qualité de la pierre dont les bancs ſont auſſi bons que ceux qui s'emploient à Séve & à Marli; mais qu'elle eſt dans les procédés de ces manutentions près de Paris, dont le vice eſt local.

A Séve & à Marli le Plâtre ſe vend 12 livres, le même muid que l'on paye à Paris 10 liv. *au plus haut prix*; ce n'eſt pas la ſupériorité de ſa qualité qui établit cette cherté, c'eſt le tranſport de la pierre crue qui produit cette augmentation de vingt pour cent en ſus du prix du Plâtre de Paris. Dans l'exécution de mon projet, le tranſport de la pierre produiroit bien à peu près la même augmentation, mais par les économies réſultantes de la diſpoſition projettée, je trouverai la compenſation des frais de tranſport

E

qui devra se faire en Plâtre crud depuis la carrière jusqu'aux Fours.

De cette disposition il résultera la certitude de ne payer que neuf livres dix sols, ou dix * livres au plus, le Plâtre qui sera désormais aussi pur & aussi bon que nos Maçons le trouvent à Séve & à Marli ; je suis même fondé à l'assurer plus pur, parce que les procédés du battage qui sont les mêmes dans les Fours de Paris, de Séve & de Marli, sont changés dans mon plan, & aidés par des précautions de propreté que leurs dispositions ne peuvent admettre.

Ce moyen de procéder efficacement à la destruction des infidélités renouvellées chaque jour, a été remarqué par la Chambre des Bâtiments & par l'Académie d'Architecture, de-

---

* Prix actuel du Plâtre à Paris.

voir être exécuté dans mon projet de la même manière qu'il l'eſt dans les manutentions de Séve & de Marli; la ſeule diſtinction que l'on peut faire, c'eſt que dans mon établiſſement il ſera le fruit de la combinaiſon, de l'ordre raiſonné & de la diſcipline; & que dans les Fours de Séve & de Marli, il eſt forcé par l'établiſſement des Fours éloigné des carrières. Mais quel que ſoient les cauſes de ce point de perfection dans la diſpoſition des Fours à Séve & à Marli, & dans la méthode nouvelle que je propoſe, la certitude évidente de la bonne fabrication qui en doit réſulter, eſt l'objet unique qui intéreſſe le bien public.

L'expérience vérifiée dans la manipulation des Fours à Séve & à Marli, répond de la fidélité & de la ſupériorité des procédés qui ſeront mis en uſage dans le nouveau plan, dont

l'ordre méchanique ôte aux Ouvriers
toute faculté d'y rien changer : avantage d'autant plus grand qu'il eſt l'u-
nique précaution qu'on puiſſe oppo-
ſer avec ſuccès contre toute infidélité.

La délibération tenue par la Communauté des Maîtres Maçons en ſon
Bureau le ving-deux Décembre mil
ſept-cent ſoixante & quatorze , la
Sentence de la Chambre Royale des
Bâtiments ſur le requiſitoire de M.
le Procureur du Roi audit Siége du
dix-ſept Janvier mil ſept-cent ſoixan-
te-quinze , l'avis de l'Académie Royale d'Architecture ſur le rapport de
MM. ſes Commiſſaires, des vingt Février , treize & vingt Mars de la même année , ſont des témoignages bien
authentiques & en état de régler le
dégré de confiance dû au projet : j'ai
joint à ce Traité les extraits de tous

ces actes ; on y trouvera les épreuves
les plus fortes fur la qualité du Plâtre , les réflexions les plus lumineu-
fes & les plus utiles ; l'on y verra
tous les points qui peuvent intérefser
l'attention du Gouvernement pour le
bien général , prévûs & très - fcrupu-
leufement difcutés ; par qui ? par le
Tribunal inftitué pour l'infpection de
ces fortes de Fabriques ; par une Académie célébre dont chacun des Mem-
bres veille à la fûreté publique dans
l'art de bâtir qu'il profefse , à qui il
appartient d'eftimer le puifsant intérêt que le Citoyen en général , & le
Citoyen en particulier peuvent avoir
à l'exécution de ce plan.

Si ces fuffrages dictés par des hommes éclairés & expérimentés , ne font
pas jugés fuffifants pour mériter la
fouveraine protection , qu'elle autre
inftruction y pourra jamais fuppléer ?

E iij

Car la Sentence de la Chambre, le rapport & l'avis de l'Académie préſentent, dans la meilleure forme, une deſcente de lieux preſcrite par l'Ordonnateur Général des Bâtiments du Roi; ils acquièrent ici le caractère de procès-verbal juridique, & la foi ſans reſerve due au Tribunal & aux Artiſtes compétants.

———————

Le public a encore un très-grand intérêt à voir établir un ordre dans le ſervice de cette fourniture : dans la manière actuelle, il ſe pratique, par les Charretiers, d'intelligence avec quelques Ouvriers du Bâtiment, un brigandage porté au comble ; il eſt difficile de ſe figurer un tel caractère d'infidélité, il faut que le haſard ou un événement nous en faſſe le témoin, pour nous le perſuader. Les Maîtres

Maçons m'entendent; néanmoins peu d'entr'eux fçavent jufqu'à quel point font portés les torts qu'ils éprouvent.

Je ne puis parler qu'en paffant de ces abus, parce qu'ils font étrangers à la qualité & à la manutention du Plâtre, qui font les fujets que je traite. Je me borne à annoncer que dans mon établiffement tout eft auffi prévu contre ce nouveau vice, & que la confiance publique fera auffi bien fervie dans la délivrance de cette matière que dans fa qualité, pourvu que le Maître Maçon veuille impofer dans fon attelier la police que je lui indiquerai; il y eft intéreffé, ainfi que le Bourgeois qui fait bâtir par économie.

LE fujet de ma differtation eft un de ceux qui, jufqu'à préfent, a été le plus négligé, peut-être parce qu'il n'eſt pas brillant ; mais en eſt-il moins utile à la ſociété ? La ſolidité des abris qui occupa les premiers hommes mérite-t-elle moins notre attention ? L'Architecture & l'Agriculture furent les premiers Arts qui ſervirent les premiers & les plus preſſants beſoins : celui-ci donne des tréſors, celui-là les met à couvert, & les conſerve pour le moment de l'emploi : il n'en eſt point d'auſſi précieux confié à la protection du Gouvernement, & plus digne de l'étude du vrai Citoyen.

Le Plâtre eſt une des matières les plus eſſentielles à la bonne conſtruction ; je m'eſtimerai heureux ſi le Miniſtre approuve mon deſſein de le perfectionner, & s'il protége l'exemple que je propoſe par un eſſai fixé à ſoixante muids par jour : je donnerai enſuite à l'établiſſement telle extenſion que l'autorité me preſcrira pour

le bien public. J'ofe me flatter que
les Bâtiments du Roi n'auront jamais
employé d'auffi bon Plâtre ; car j'af-
pire à la gloire de leur en fournir.

———————————

INSINUER un projet infidieux, ce
feroit s'avilir par le caractère infâme
du menfonge, ce feroit le comble de
l'infortune qui ne finit qu'avec la vie.
Mais, fe porter avec autant de can-
deur que d'attachement au bien public, c'eft le bonheur d'un Citoyen:
cette ambition qui éleve mon ame,
fait déjà partie de ma récompenfe ;
j'aurai tout obtenu fi je parviens à
encourager le vrai commerce du Plâtre & à le diftinguer. Mon vœu pouvant être agréable au Miniftre , je
frayerai des voies fidéles, faciles &
fructueufes à quiconque voudra s'en
occuper.

DÉLIBÉRATION

De la Communauté des Maîtres Maçons.

Nous, Syndic & Adjoint & les douze repréſentants la Communauté des Maîtres Maçons, aſſiſtés des Anciens Syndics, aſſemblés cejourd'hui 2 Décembre 1774 en notre Bureau, ſis rue de la Mortellerie, avons lu attentivement & réfléchi le Mémoire ci-deſſus, atteſtons la vérité des abus & des vices qui régnent dans la fabrication du Plâtre depuis long-temps & actuellement pratiquée, & que la diſpoſition de l'établiſſement propoſé, par le ſieur Ferrouſſat, nous paroît n'être ſuſceptible d'aucuns, indépendamment des avantages importants y démontrés pour l'intérêt public : ledit ſieur Ferrouſſat promettant la pleine exécution du contenu audit Mémoire, nous défirons ardemment, vu le bien public, que le Gouvernement veuille bien accueillir & favorifer ledit établiffement. Fait & arrêté audit Bureau les jour & an que deffus. Signés, POMMIER, VERPRAUX, DOUCET, PASQUIER, P. LE DREAU, MANGIN, SOUHART, CAMBAU, LE MOINE, GUERNON, JOLIVET, GRANDHOMME.

EXTRAIT des Regiftres de la Chambre Royale des Bâtiments, Ponts & Chauffées de France au Palais à Paris.

CE jour les Gens du Roi étant entrés en la Chambre du Confeil, M. Boiffou, Procureur dudit Seigneur Roi, a dit:

MESSIEURS,

UNE expérience presque journalière nous a appris toutes les fraudes & les abus qui se commettent par les Plâtriers, pour la cuisson & la préparation du Plâtre.

Comme c'est une des matières les plus essentielles de la Bâtisse, surtout pour la Capitale & les environs, puisqu'elle devient le lien des matériaux & en forme l'union, la consistance & la force; il n'est point de moyen que nous n'ayons employés pour rémédier aux inconvénients que produit la mauvaise qualité des Plâtres.

Les principaux abus consistent, premiérement, dans le peu d'attention à couvrir les Fours & culées où l'on fait cuire le Plâtre; cette matière se trouvant exposée aux pluyes & aux intempéries de l'air perd son action

& ne forme plus qu'une maſſe de terre qui ne peut plus s'incorporer avec le mouelon & la pierre. Deuxiémement, dans le défaut de cuiſſon égale & ſuf-fiſante, les culées, mal conſtruites & ouvertes à tous les vents, leur laiſ-ſent un paſſage, qui, agitant la flamme, lui ôtent la moitié de ſon acti-vité, & l'empêchent de ſe porter éga-lement du bas en haut, & de ſe répan-dre à travers les lits de pierre; de la naît un double inconvénient : il ſe trouve un ſixiéme de la fournée, un cinquiéme, quelquefois plus qui n'eſt pas cuit, & il faut que le Plâtrier le replace dans une deuxiéme fournée, ce qui augmente la dépenſe, & l'o-blige de vendre plus cher; où, s'il eſt peu curieux de remplir ſes devoirs, il fait battre la pierre mal cuite, com-me celle qui eſt cuite, ce qui donne au Plâtre une qualité abſolument mau-vaiſe.

Troifiémement. Un abus encore plus
fréquent & plus préjudiciable aux Entrepreneurs & aux propriétaires, &
pour lequel nous recevons journellement des plaintes, foit par les Commiffaires de Police, qui, à notre requête, font la vifite des Fours, foit
par le public, c'eft la mixtion des
pouffières qui fe forment en caffant
la maffe & les pierres, & que la plû-
part des Plâtriers répandent enfuite
fur leurs Fours fous prétexte de mieux
concentrer la chaleur, ou même fur
le Plâtre cuit & battu ; pouffières qui
par leur fineffe ne font point fufcep-
tibles de l'action du feu, ni par conféquent d'aucune cuiffon, & qui, mê-
lées avec le bon Plâtre, en augmen-
tent la quantité pour le Plâtrier, &
en détériorent abfolument la qualité
au préjudice de l'Entrepreneur ;
difons mieux au détriment de la fo-

ciété, puifque la majeure partie des accidents occafionnés par des démolitions inopinées, ne proviennent que du défaut de ciment dont aujourd'hui le Plâtre tient lieu dans les trois quarts des bâtiments.

Vous le fçavez, Meffieurs, puifque par vos jugements vous avez fecondé nos démarches, nous avons, depuis plus de cinq ans, faits toutes les recherches poffibles pour arrêter les fraudes devenues prefque générales, nous avons fait mulcter les délinquants par des amendes, par des interdictions rendues publiques, par des jugements qui ont prononcé les peines les plus féveres; & cependant la fraude, toujours féconde en reffources, fubfifte & fe reproduit fous mille formes différentes.

Le fieur Ferrouffat de Caftelbon, qui tient une Manufacture de Plâtre très-connue, & qui la fait exploiter sans avoir reçu aucun reproche, nous a remis une Requête adressée à la Chambre : il y propose des moyens capables de prévenir ou empêcher la fraude qui se commet lors & après la cuisson du Plâtre, & d'en rendre la qualité meilleure.

Cet Artiste, car les essais qu'il propose, les instruments qu'il a imaginé, lui méritent ce titre, nous paroît être animé de la noble ambition de devenir utile à ses concitoyens, & d'ajouter un nouveau dégré à la solidité & à la propreté des édifices.

Il a désiré que nous prissions une connoissance approfondie de son projet, afin que nous fussions en état de vous mettre à portée de prononcer sur l'utilité de son plan, qu'il soumet à votre décision comme au seul Tribunal établi par nos Rois pour veiller

ler

ler à tout ce qui concerne, non-feu-
lement les Carriers & Plâtriers, mais
encore la police & la fûreté des Bâtiments, & pour s'occuper des différentes parties qui tiennent à la conftruction, & réprimer les malverfations que peuvent commettre les Entrepreneurs.

La Requête du fieur Ferrouffat,
Meffieurs, a paffé fucceffivement fous
vos yeux : vous vous êtes même
tranfportés dans un des Fauxbourgs
où il a fait conftruire en racourci le
modéle des nouveaux Fours qu'il propofe, & établir la forme d'un nouveau Battoir : vous avez vu avec nous
la bâtiffe du Four, l'effet du feu,
celui de la fumée, la qualité du Plâtre cuit ; la forme fimple & ingénieufe du Battoir ; & cette premiere
connoiffance vous a fait défirer, non-
feulement que nous vous préfentions

F

nos réflexions, mais encore que le résultat en soit connu.

C'eſt pour déférer à ces vœux que nous allons vous retracer ce qui nous a paru le plus avantageux. Dans la conſtruction des nouveaux Fours pro-poſés, & dans la manipulation du Plâtre, nous ne pouvons vous mieux faire connoître ces avantages qu'en les comparant avec les inconvénients des Fours actuels & du battage tel qu'il exiſte.

Les Culées ou Fours, dont ſe ſervent les Plâtriers ordinaires, ne ſont compoſés que de trois murs faits groſ-ſiérement & ſans liaiſons, l'un d'eux, formant le fond, eſt adoſſé à une motte de terre élevée, deux autres paralleles & prenants à chaque coin du fond ſervent à ſuporter un mauvais couvert, & laiſſent une ouverture ayant la même largeur que le mur du fond : il n'y a aucune précaution pour empêcher la trop grande force des vents, aucun centre pour réunir la fumée, aucun moyen pour concentrer l'action du feu.

Ces Fours construits auprès des carrières & masses dont on extrait la pierre à Plâtre, se trouvent à portée de la poussière qui résulte de la casse des pierres & de leur apprêt : les Plâtriers amateurs de la fraude sont à portée de suivre leur penchant, le moyen de la pratiquer est sous leur main : de-là ces amas de poussières entassées auprès des Fours, que les Commissaires de Police trouvent si souvent dans le cours de leurs visites, & qui quelquefois est passée au crible pour la confondre plus facilement avec le Plâtre, mixtion qui se fait & avant la cuisson du Plâtre & après qu'il est cuit, prêt à battre, ou battu;

mixtion fi fréquente que depuis environ cinq ans il exifte, au Greffe de la Chambre, plus de deux cents procès-verbaux qui conftatent cet abus.

La mauvaife couverture de ces Fours, fouvent le défaut total des couvertures, donnent accès à la pluie, & on fçait que le Plâtre une fois mouillé perd les trois quarts de fa qualité.

Après la cuiffon on le bat fur l'aire & dans la culée : de-là deux inconvénients : les Batteurs à force de le remuer en répendent beaucoup hors la culée, & l'expofent ainfi aux injures de l'air, ou a être mêlangé avec des pouffières & les boues : le gros battage fait, mais fans être broyé fuffifamment, on met le Plâtre dans des facs, & on le livre en cet état aux Entrepreneurs, qui font obligés d'avoir dans les bâtiments & atteliers différents Manœuvres pour les battre de nouveau, ce qui augmente d'autant la dépense.

Le sieur Ferroussat propose des Fours d'une nouvelle forme, il observe qu'il est nécessaire de les éloigner des masses ou carrières. Il a imaginé aussi une espèce de Moulin pour battre & broyer le Plâtre.

Les Fours, tels que la construction en est tracée par le sieur Ferroussat, & dont il nous a fait voir l'exécution en petit au Fauxbourg du Temple, forment un quarré long sur lequel sont élevés quatre murs venant racheter ou retrouver en voussure un tuyeau de cheminée, dans laquelle doit se réunir la fumée, la bouche ou ouverture est pratiquée sur celui des deux petits pans le plus éloignés du tuyeau. Au pan opposé sont pratiquées deux ventouses qui ajoutent une nouvelle action au feu, afin qu'il perce plus facilement le bloc de la fournée.

Dès que le feu commence à s'allumer, on ferme l'ouverture en ne laissant par bas qu'un jour médiocre & suffisant pour entretenir l'activité du feu.

La voussure, au-dessus de la bouche & qui continue jusqu'au tuyau, se trouve plus rampante en dedans qu'au dehors, afin de répandre la flamme & la chaleur sur la superficie des pierres à Plâtre, & procurer aux lits supérieurs une cuisson égale à celle des lits inférieurs. La fumée, après avoir filtré à travers toutes les couches & tous les vuides, est forcée par la forme du Four de se réunir au point où commence le tuyau, qui, se retraicissant à proportion qu'il s'éleve, donne par la résistance & la réunion plus

de force à la fumée, & l'oblige de
fortir avec tant d'impétuofité qu'elle
s'éleve en cône à plufieurs toifes fans
fe répandre par bas ; elle ne peut par
conféquent incommoder les bâtiments
voifins ; nous en avons vu l'effet &
vous en avez été également témoins.

Nous avons également remarqué
que le feu fe portant d'abord vers le
centre, parce qu'aucun vent ne divife
la flamme, fe diftribue avec une égale
force fur toutes les parties latéralles,
& procure une cuiffon plus prompte
& plus égale.

Le Plâtre défourné il ne s'eft pas
trouvé un quarantiéme qui ne fût
également cuit, & après l'avoir fait
battre, gâcher & employer, il a été
vérifié qu'il eft plus gras, fe gâche plus
aifément, & qu'il acquiert prefque
dans le moment la plus forte confif-
tance, & fe durcit à l'égal de la pierre.

L'ufage de ces Fours ne peut donc qu'être avantageux, & pour le Plâtrier qui y trouve une économie, & infiniment moins de pierre non cuite; & pour le public qui n'eft plus expofé aux abus dont jufqu'à préfent on a tant à fe plaindre.

Le Battoir pour bien broyer & pulvérifer le Plâtre, afin qu'il foit livré de façon qu'il ne refte plus qu'à l'employer, eft une machine compofée de refforts également fimples & folides, dont l'exécution & l'affemblage annoncent dans l'Auteur beaucoup d'intelligence & de combinaifon.

Cette machine eft une efpèce de Moulin propre à corroder & façonner le Plâtre; il fera mis en action par un feul moteur, qui fera un cheval de moyenne force; ce cheval fera attelé au bout d'un levier paffé orifontalement dans un cabeftan vertical : au-

deſſous du bras du levier ſe trouve
paſſé parallelement un axe de fer qui
mene trois cilindres de différents dia-
metres & de différentes coupes &
épaiſſeurs relativement aux diverſes
actions que chaque cilindre doit opérer ſur le Plâtre, & relativement à la
coupe de l'aire qu'ils doivent parcou-
rir en écraſant le Plâtre qui ſe trouvera répandu ſur leur paſſage.

Le même axe qui menera les trois
cilindres traînera derrière eux trois
valets de fer qui ſe ſervant le Plâtre
l'un ſur l'autre à meſure de la mouture,
le jetteront ſur des blutoirs qui, mus
par le même moteur au moyen d'une
verge de rapport avec le bras du levier, lâcheront le Plâtre en poudre
dans un baſſin placé deſſous, & diſ-
tribueront le Plâtre en gravas dans
un réceptacle à côté, d'où deux hommes ſeront chargés au fur & meſure

de le rejetter fur la route des cilindres à cinq pieds de diftance au plus.

L'action du Moulin ne fera interrompue que pour le chargement des voitures qui fera fait par les Ouvriers employés au Moulin : ce temps d'interruption fervira à faire manger le cheval.

Dès que les Ouvriers auront une fois faifi le méchanifme & l'opération du Moulin , on façonnera fix muids de Plâtre par heure ; de façon qu'en fuppofant le Moulin en action pendant dix heures , on pourra avoir & fournir par jour environ foixante muids de Plâtre paffé au gros panier.

La permiffion que le fieur Ferrouffat demande de conftruire ces Fours plus près de Paris & à une certaine diftance des carrières , ne nous paroît pas devoir lui être refufée , nous n'y appercevons aucun inconvénient ; &

nous y trouvons un moyen de plus contre la fraude, &c. . . . . .

. . . .

En rapprochant les Fours de Paris, le Plâtrier se trouvera plus à portée du bois & des autres objets nécessaires pour la fabrication ; l'épargne qu'il fera sur les voitures le dédommagera & au-delà de l'obligation de voiturer un peu plus loin la pierre tirée de la carrière.

Mais un avantage infiniment plus considérable, ce sera la difficulté de mêler les poussières avec le Plâtre : la pierre étant extraite & préparée loin des Fours, le Plâtrier fraudeur ne sera plus à portée de faire ces mixtions prohibées par les Statuts, par les Lettres Patentes de quinze cents quatre vingt quatorze, & autres Réglements postérieurs, auxquels le Plâtrier promet de se conformer lorsqu'il prête serment & est reçu en la Chambre.

Enfin, quant au Moulin à battre & broyer le Plâtre, il sert à empêcher toutes pertes de cette matière ; il est avantageux pour l'Entrepreneur & pour celui qui fait bâtir, parce qu'il faut moins d'Ouvriers : l'adoption de cet instrument ne peut donc qu'être utile.

Pour subvenir aux dépenses que les changements & ses établissements demandent, le sieur Ferroussat ne demande rien qui puisse être onéreux au public, ni aux Entrepreneurs ; il ne cherche pas non plus à nuire aux Plâtriers ordinaires. Il offre de livrer le Plâtre au prix ordinaire & courant, lorsqu'il sera pris après le battage ordinaire, & sans passer par le battoir ou moulin : en demandant que la forme de ses Fours soit agréé, & qu'il

lui foit permis d'en conftruire plus
près de Paris, il ne follicite aucun pri-
vilége exclufif, il fait des vœux pour
que les Plâtriers, témoins de l'utilité
de fes découvertes, cherchent à fe les
approprier & à l'imiter, fans avoir
aucune intention de les gêner, ni de
les forcer à changer leur manière de
fabriquer.

Enfin pour toute récompenfe de
fes recherches, il ambitionne d'un
côté l'approbation de la Chambre &
fon autorifation, il fe flatte d'un autre
côté que le Gouvernement, toujours
attentif à exciter les Artiftes & les
Citoyens occupés des objets d'utilité
publique, voudra bien lui accorder
perfonnellement des graces capables
de le dédommager, & un titre pour
fon établiffement qui puiffe annoncer
que l'invention de fes plans ont mérité l'attention du Miniftère.

C'eſt auſſi parce que nous voyons dans ce projet des avantages ſenſibles que nous nous empreſſons, Meſſieurs, en approuvant le nouveau plan des Fours à Plâtre & d'un Battoir ou Moulin à battre & broyer le Plâtre propoſé par le ſieur Ferrouſſat, de réquerir qu'ayant égard à la Requête dudit ſieur Ferrouſſat, qu'il lui ſoit donné acte de ſes déclarations, & conſentements de n'apporter aucune excluſion ni empêchement aux Plâtriers ordinaires ; ce faiſant qu'il ſoit permis audit ſieur Ferrouſſat en ce qui peut concerner la Chambre. . . . .

. . . .

Les Gens du Roi retirés, vu ladite Requête, & le Plan y annexé, la matière miſe en délibération.

La Chambre, ayant égard à la Requête dudit Ferrouſſat, & faiſant droit ſur les concluſions du Procu-

reur du Roi, donne acte audit Ferroussat de ses déclarations & consen-
tement de n'apporter aucune exclusion
ni empêchement aux autres Plâtriers :
en conséquence la Chambre permet
en ce qui peut la concerner, &c.

Fait & arrêté en ladite Chambre
des Bâtiments le mardi dix-sept Janvier mil sept-cent soixante-quinze.

Collationné.

Signé, FORESTIER, Greffier.

LETTRE

*De Monsieur DE LA BILLARDRIE,
Comte d'Angevillier, Directeur &
Ordonnateur des Bâtiments, Jardins,
Arts, Académies & Manufactures
Royales, du 13 Février 1775.*

JE n'ai, Monsieur, aucune décision
ni autorisation à donner sur l'établis-

fement que vous projettez pour la
cuiffon & la manipulation du Plâtre :
la Chambre Royale de la Maçonnerie, à laquelle vous vous êtes jufte-
ment addreffé fur un fait qui intéreffe la Police & les Réglements qui
lui font confiés, a ftatué d'une manière qui me paroît devoir fuffire à
vos projets, en rempliffant les condi-
tions qui vous font impofées : ma
charge ne m'attribue aucune forte de
jurifdiction dans Paris ni fur fon ter-
ritoire. Je préfume volontiers que vos
procédés rendront tous les avantages
que vous en efperez , puifque la
Communauté des Maîtres Maçons
vous accorde fon fuffrage ; les entre-
prifes du Roi en profiteront comme
celles du public , puifque les Ouvriers
du Roi ne manqueront fûrement pas
de fe pourvoir auprès de vous , dès
qu'ils y trouveront meilleure qualité
&

& meilleur prix : je crois au surplus
que vous auriez dû soumettre vos
idées à l'examen de l'Académie.

D'ANGIVILLER.

LETTRE

De Monsieur DE LA BILLARDRIE ,
Comte d'Angiviller, Directeur & Or-
donnateur des Bâtiments. . . . . .
Du 18 Février 1775.

Vous devez avoir reçu mainte-
nant, Monsieur, ma réponse à votre
Lettre du 10, pour l'envoi de laquelle
j'ai fait employer le couvert de Monsieur le Procureur du Roi de la Chambre des Bâtiments, pour suppléer votre addresse que vous ne m'aviez pas
donnée comme vous le faites aujour-
d'hui : vous aurez vu dans cette réponse que j'y préviens l'idée que vous
avez de rechercher le suffrage de

G

l'Académie : ainſi vous pouvez vous préſenter à cette Compagnie pour lui demander l'examen de votre Projet & des procédés que vous comptés y appliquer : ce n'eſt que de leur mérite & non de ma récommendation que vous pouvez eſpérer un rapport favorable.

D'ANGIVILLER.

EXTRAIT

Des Régiſtres de l'Académie d'Archi-tecture. Ce lundi 20 Février 1775.

L'ACADÉMIE étant aſſemblée, il a été fait lecture d'un Mémoire ad-dreſſé à Meſſieurs de l'Académie, par le ſieur Ferouſſat de Caſtelbon, par lequel il les prie de vouloir bien nom-mer des Commiſſaires pour examiner les procédés avec leſquels il eſpere fournir aux Entrepreneurs des Bâtiments, & au public, du Plâtre meilleur & plus également conditionné que celui qu'on employe ordinairement dans Paris.

Ensuite, après lecture faite de deux Lettres de Monsieur le Directeur Général, qui prescrit au sieur Ferroussat de demander le jugement de l'Académie, elle nomme pour Commissaires aux fins d'en faire rapport, Messieurs, FRANQUE, BRÉBION, DES MAISONS & GUILLAUMOT.

RAPPORT des Commissaires sur le Mémoire présenté à l'Académie par le sieur Ferroussat de Castelbon.

NOUS Commissaires nommés par l'Académie Royale d'Architecture dans son Assemblée du lundi 20 Février 1775, pour l'examen d'un Mé-

G ij

moire préfenté à la Compagnie par le fieur Ferrouffat, dans lequel il propofe un établiffement de Fours à Plâtre. . . . .

Nous nous fommes affemblés plufieurs fois chez M. Guillaumot l'un de nous, & après y avoir fait lecture du Mémoire, & nous être entretenu fur tous les objets qu'il contient, & fur les avantages qui peuvent réfulter de l'exécution de cet établiffement, nous nous fommes réunis le troifieme Mars après midi à la maifon du fieur Ferrouffat, rue du Fauxbourg du Temple, où il nous a fait lecture d'un nouveau Mémoire plus étendu que celui addreffé à l'Académie, fur les moyens qu'il fe propofe d'employer pour la perfection de fon projet.

Nous avons enfuite fait lecture de l'acte, par extrait collationné des

Regiſtres de la Chambre Royale de maçonnerie, délivré au ſieur Ferrouſſat ſur le requiſitoire de Monſieur le Procureur du Roi de ladite Chambre, & lecture auſſi faite de la copie collationnée d'une délibération de la Communauté des Maîtres Maçons de la Ville & Fauxbourgs de Paris; ces deux Actes également favorables au projet d'établiſſement du ſieur Ferrouſſat, nous ont conduit avec confiance à l'examen du modèle des Fours, au moment de la neuviéme cuiſſon qui a été commencée en notre préſence. Le modèle de Four qui produit après la cuiſſon de la pierre deux ou trois muids de Plâtre calciné & battu, différe des Fours ordinaires, en ce que le ſieur Ferrouſſat y a adapté un tuyau de maçonnerie, en forme de hotte, réduit à la ſortie du Four à une largeur ſuffiſante pour le paſſage

de la fumée; le fourneau & sa voûte
sont formés de pierre à Plâtre comme dans les Fours ordinaires, &
cette pierre s'y calcine de même,
mais l'ouverture est fermée par devant par une porte de fer qui ne laisse
en dessous que quatre à cinq pouces
de vuide pour le passage de l'air; cette
fermeture empêche la dissipation de
la chaleur, & procure, avec moins de
consommation de bois, le dégré de
la calcination nécessaire & égal partout. Les Fours actuels des Plâtriers
ne peuvent produire ces avantages,
parce qu'ils sont ouverts tant en des-
sus qu'en devant, & que pour con-
server la chaleur & ménager le bois,
ils ont recours à une masse de terre
& poussières, dont ils couvrent le des-
sus de la fournée, & souvent le devant
lorsque le bois est consommé : les
poussières se mêlent avec le Plâtre cuit,

& il en résulte les mauvais Plâtres qui s'emploient journellement dans les bâtiments, malgré la vigilance de la Chambre de la Maçonnerie, & les amendes fréquentes auxquelles elle condamne les Plâtriers en contravention. . . . .

Après notre examen de la Fabrique & disposition du modèle des Fours, le sieur Ferrouffat, pour nous faire juger que la fumée s'en éléve facilement à la sortie du tuyeau, a fait mettre en notre présence une augmentation de bois, & quoique le vent fût très-variable, & que la sortie du tuyeau ne soit élevée qu'à dix pieds du sol du Four, nous avons reconnu effectivement que la fumée étant poussée d'une part par l'action du feu & l'air passant sous les portes de tôle, & de l'autre par le vuide observé entre la languette de face & le parement de pierre à cuire, il se fait dans ce vuide un prolongement de flâme qui oblige d'autant plus la fumée à s'élever.

Cette observation sur l'effet de la fumée par le modèle de Four du sieur Ferroussat, nous a fait présumer que ceux qu'il se propose de faire construire pourront produire les mêmes effets, en observant que les tuyaux soient à une élévation proportionnée à la masse & volume de bois qu'ils consommeront.

Nous avons ensuite examiné le modèle de la Machine que le sieur Ferroussat se propose de faire exécuter dans le même établissement, pour écraser & mettre en poudre la pierre à Plâtre cuite, au point de l'employer dans les bâtiments sans être obligé de le battre ; il sera moins éventé par l'usage de cette Machine que celui qui résulte des gravas rebattus.

L'invention de cette Machine nous a parue ingénieufe fans être compliquée. Trois cilindres de différentes coupes & dimenfions, font mis en mouvement par un cheval de moyenne force attelé au bout d'un levier paffé orifontalement dans un cabeftan vertical ; ces cilindres écrafent le Plâtre, & l'inclinaifon de la platte forme le dirige vers de petites trapes qui ne s'élévent que de la hauteur néceffaire pour laiffer paffer le Plâtre fin. Le même levier où le cheval eft attelé fouléve les trapes en rencontrant des tringles de fer qui y correfpondent ; la manœuvre des Ouvriers nous a parue pour cette préparation fe pouvoir faire facilement & à peu de frais.

Le famedi 4 Mars, nous Commiffaires fouffignés, pour nous affûrer par l'expérience de la fupériorité que le Plâtre cuit par les procédés du fieur

Ferroussat, devoit avoir sur ceux qui s'emploient journellement, nous nous sommes rendus de nouveau à sa maison, & après avoir fait retirer du Four une quantité de Plâtre suffisante pour en faire l'essai, nous avons pareillement fait battre & passer au même sas du Plâtre, sortant du Four de trois Plâtriers différents, au moment qu'ils arrivoient à Paris, ces mêmes Plâtres gâchés à même quantité de Plâtre sec, & à même quantité d'eau, ont été versés dans des boîtes de même grandeur préparées exprès, & qui avoient servi à mesurer le Plâtre sec.

Ce commencement d'expériences & de comparaison nous a fait voir que le Plâtre du sieur Ferroussat, plus compact que les autres, n'a rempli sa boîte qu'à peu de chose près, un des autres essais l'a aussi rempli au même dégré que celui du sieur Ferroussat, & les deux autres qui avoient gonflé en les gâchant, ont produit une élévation excédent le bord de leur boîte.

Ces quatre essais de Plâtre ayant suffisamment pris corps, nous les avons emporté dans leurs boîtes, & depuis samedi 4 Mars, jusqu'au mardi 7 dudit mois, nous les avons laissé ressuyer dans un lieu sec & sans feu.

La nécessité de terminer ces expériences, pour ne point trop différer le présent Rapport, nous a engagé à retirer de leurs boîtes ces petits cubes de Plâtre, le mardi 7 Mars. Ils étoient chacun de dix pouces de long sur six pouces de large & de quatre pouces de hauteur. A ce moment, le cube marqué *F* a pesé quinze livres deux onces, un autre, à sa marque particulière, aussi quinze livres deux onces, un autre quinze livres quinze onces, & le quatriéme seize liv. treize onces.

Depuis ce moment, 7 Mars au

matin, jufques au famedi onze dudit
mois, lefdits cubes de Plâtre ayant
été féchés à un feu doux & égal pour
chacun, ils ont été pefés de nouveau.
Le Plâtre marqué *F* a pefé douze
livres trois onces, un autre, à fa marque particulière, douze livres, un autre douze livres fept onces, & le quatriéme douze livres trois onces. Dans
cet état, nous avons fait couper de
chacun de ces cubes un dé de trois
pouces en quarré fur trois pouces de
hauteur, & nous avons reconnu à l'œil
& au cifeau, fur les autres morceaux,
que le Plâtre marqué *F*, qui étoit
celui du fieur Ferrouffat, étoit le plus
dûr, le plus plein, & le plus beau;
il reftoit cependant encore à ces quatre dés une dernière épreuve pour
nous affûrer de leur qualité la plus
effentielle dans la conftruction, qui
eft la réfiftance fous le fardeau. Nous
les avons en conféquence fait porter

le même jour chez M. Souflot, & mis sous la Machine que ses lumières & son zéle pour tout ce qui peut augmenter les connoiffances de son art, ont engagé de faire exécuter pour calculer la réfiftance des différents matériaux & méteaux propres à l'usage des bâtimens. Un desdits dés de Plâtre posé sous cette Machine, s'est ouvert & écrasé sous le poid de 1380 livres, le second s'est ouvert & presque écrasé sous 3300 livres, le troisiéme s'est ouvert sous 4080 livres, & le quatriéme, marqué *F*, qui étoit celui du sieur Ferrouffat, ne s'est ouvert que sous le poid de 6630 livres.

Cette dernière expérience, la plus convainquante de la qualité supérieure que le Plâtre acquiert par les procédés d'une bonne cuiffon, sans mélange d'aucunes terres, cendres & pouffières, ainsi que le pratiquent une partie des Plâtriers, nous fait desirer, pour l'avantage du public, que le Gouvernement veuille bien protéger & favoriser l'établissement des Fours à Plâtre tels que les propose le sieur Ferroussat.

A Paris ce 13 Mars 1775.

Signés, FRANC, DES MAISONS, BRÉBION, GUILLAUMOT.

Collationné par moi & vu conforme au rapport desdits Commissaires, par moi Secrétaire Perpétuel de l'Académie Royale d'Architecture. SEDAINE.

Ce 26 *Mars* 1775.

Ce Lundi 13 *Mars* 1775.

(L'Académie étant assemblée.)

Ensuite a été fait lecture du Rapport des Commissaires nommés à la séance du 20 Février, pour l'examen de la manière dont le sieur Ferroussat fabrique des Plâtres, dont il propose de faire un Établissement, &

qu'il promet de rendre d'une qualité supérieure à ceux qui s'emploient ordinairement ; & l'Académie, satisfaite de l'examen & des expériences faites à ce sujet, a dit, qu'il lui paroît que cette manière de fabriquer le Plâtre, seroit utile, pourvu que l'Entrepreneur ne se relâchât pas sur la façon dont il a fabriqué en présence des Commissaires, & que pour la constater dans l'avenir, ledit Rapport seroit enrégistré, & qu'il en seroit présenté une copie à Monsieur le Directeur Général, qui a prescrit au sieur Ferroussat de demander le jugement de l'Académie.

Ce Lundi 20 *Mars* 1775.

(L'Académie étant assemblée.)

Monsieur Brébion a lu un Mémoire du sieur Ferroussat, contenant une observation sur les Plâtres, qu'il pré-

fente à l'Académie d'après la repré-
fentation qui lui a été faite, qu'il y
auroit à craindre qu'il ne fe relâchât
fur les foins qu'exige la manière qu'il
propofe de fabriquer le Plâtre ; le
fieur Ferrouffat a dit qu'il defire que
fes Fours foient proche de Paris. . .

. . . .

afin que la police & l'infpection puiffent en être faites par les perfonnes
prépofées pour y veiller , & même
par les Entrepreneurs de Maçonnerie.

L'Académie penfe qu'il peut être
avantageux que les Fours foient éloignés des carrières pour obvier à plufieurs abus , & qu'ils foient (fi cela
étoit poffible fans inconvénient) plus
rapprochés de Paris.

Collationné par moi Secrétaire
Perpétuel, ce 26 *Mars* 1775.

SEDAINE.

M DCC LXXVI.